国家职业教育改革发展示范学校重点建设专业精品教材

电子 CAD

孙永旺　主　编
沈佳玲　副主编

电子工业出版社
Publishing House of Electronics Industry
北京·BEIJING

内 容 简 介

本书是中等职业教育项目教学配套用书，以教学大纲为依据，密切结合 PCB 设计的实际和中等职业学校学生的学习情况，以项目教学的方式进行编写，强调任务驱动，注重亲自实践，涵盖了 PCB 设计入门所需要的基本知识、基本方法和基本技能。

本教材注重实用性，图文并茂，力求读者一看就懂、一学就会。本书可作为中等职业学校电子技术应用及相关专业的教材，同时适合 PCB 设计的爱好者自学和部分设计人员参考。

未经许可，不得以任何方式复制或抄袭本书之部分或全部内容。
版权所有，侵权必究。

图书在版编目（CIP）数据

电子 CAD / 孙永旺主编. —北京：电子工业出版社，2015.1
国家职业教育改革发展示范学校重点建设专业精品教材
ISBN 978-7-121-25182-5

Ⅰ. ①电… Ⅱ. ①孙… Ⅲ. ①印刷电路－计算机辅助设计－中等专业学校－教材 Ⅳ. ①TN410.2

中国版本图书馆 CIP 数据核字（2014）第 297888 号

策划编辑：张　帆
责任编辑：张　帆
印　　刷：涿州市京南印刷厂
装　　订：涿州市京南印刷厂
出版发行：电子工业出版社
　　　　　北京市海淀区万寿路 173 信箱　邮编　100036
开　　本：787×1 092　1/16　印张：11.25　字数：288 千字
版　　次：2015 年 1 月第 1 版
印　　次：2017 年 2 月第 2 次印刷
定　　价：24.80 元

凡所购买电子工业出版社图书有缺损问题，请向购买书店调换。若书店售缺，请与本社发行部联系，联系及邮购电话：(010) 88254888，88258888。
质量投诉请发邮件至 zlts@phei.com.cn，盗版侵权举报请发邮件至 dbqq@phei.com.cn。
本书咨询联系方式：(010) 88254592，bain@phei.com.cn。

前言

　　电子 CAD 技术是现代电子工程领域的一门新技术，它是基于计算机技术的电路设计系统，掌握最新的电路设计软件是从事电子及相关行业的工作者必备的技能。Protel 系列软件是目前市面上应用最广泛的电子线路设计软件之一，其功能完善而强大，使用非常灵活，尤其是 Protel DXP 2004 SP2 的中文环境更是深受广大电子线路设计工作人员的喜爱。

　　本书全面、系统地介绍了 Protel DXP 2004 SP2 的中文设计环境，重点讲述了电路原理图和印制电路板的设计方法和技巧，同时对电路原理图的仿真、印制电路板生产制造文件的输出等也进行了详细、实用的论述。本书从实际应用角度出发，重视学生工作技能训练，结合大量工作项目的讲解，循序渐进地引导学生全面掌握利用 Protel DXP 2004 SP2 软件进行电子线路设计的技巧和方法，为企业输送优秀的电子设计人才。

　　本书的特色体现在以下几点。

　　（1）目标明确，实用性强。本书精心设计了各项目的学习目标及工作任务，让学生可以有目标地去学习，掌握各项目的精髓。书中列举的每个项目都来源于实际工作，操作步骤与提示等有助于学习者在工作中解决实际问题。

　　（2）项目化教学方式。每个工作项目的实施过程即是师生的教学活动，学生可从中直接获取实际工作的经验。本书着重突出实践性、项目化的教学特点，真正实现学习与工作零距离，有助于提高学生的综合素质和就业能力。

　　（3）内容逻辑性强。书中列举的教学项目从易到难，逐步提高；从前到后，逐步完善。学生通过贯穿书中的教学项目可学到实际工作的过程，以适应社会工作的需要。

　　（4）难易适中，易获得成就感。项目实施完毕，学生都能够完成相应的完整作品，从而产生成就感，激发学生的学习兴趣。

　　（5）讲解透彻，互动性强。通过书中对教学工作项目实施过程的讲解，学生能够举一反三地解决实际工作中的问题，书中的大量实训题有助于培养学生的实践能力和创新精神。

　　本书由孙永旺主编，沈佳玲副主编，王二飞、高敏、李俊、唐宏文、陶忠、严勇、韩薇薇参加编写。其中项目一由李俊编写、项目二由沈佳玲编写、项目三由韩薇薇编写、项目四由王二飞编写、项目五由唐宏文编写、项目六由高敏编写、项目七由孙永旺编写、项目八由陶忠编写、项目九由严勇编写。

　　编者力图使本书成为与工程实践相结合的中职中专教材，但由于编者水平有限，书中难免有不足及疏漏之处，欢迎读者和同行批评指正。

编　者

2014 年 8 月

项目一　5V 电源电路原理图绘制 ……………………………………………………………（1）

　　任务一　Protel 简介和安装 ………………………………………………………………（1）
　　　　一、任务描述 ……………………………………………………………………………（1）
　　　　二、任务实施 ……………………………………………………………………………（1）
　　　　三、任务小结 ……………………………………………………………………………（7）
　　任务二　Protel DXP 2004 项目的新建与设置 …………………………………………（7）
　　　　一、任务描述 ……………………………………………………………………………（7）
　　　　二、任务实施 ……………………………………………………………………………（7）
　　　　三、任务小结 ……………………………………………………………………………（12）
　　　　四、训练与巩固 …………………………………………………………………………（12）
　　任务三　5V 电源电路原理图的绘制 ……………………………………………………（12）
　　　　一、任务描述 ……………………………………………………………………………（12）
　　　　二、任务实施 ……………………………………………………………………………（12）
　　　　三、任务小结 ……………………………………………………………………………（15）

项目二　信号发生器电路原理图绘制 …………………………………………………………（17）

　　任务一　原理图设计环境设置 …………………………………………………………（17）
　　　　一、任务描述 ……………………………………………………………………………（17）
　　　　二、任务实施 ……………………………………………………………………………（18）
　　　　三、任务小结 ……………………………………………………………………………（21）
　　任务二　信号发生器电路原理图设计 …………………………………………………（21）
　　　　一、任务描述 ……………………………………………………………………………（21）
　　　　二、任务实施 ……………………………………………………………………………（21）
　　　　三、任务小结 ……………………………………………………………………………（28）

项目三　文氏电桥振荡放大电路原理图的绘制 ……………………………………………（30）

　　　　一、任务描述 ……………………………………………………………………………（30）
　　　　二、任务实施 ……………………………………………………………………………（33）
　　　　三、任务小结 ……………………………………………………………………………（38）

项目四　单片机控制显示电路原理图的绘制 ………………………………………………（40）

　　任务一　自上而下的层次原理图设计方法 ……………………………………………（41）

一、任务描述 ……………………………………………………………………………（41）
　　　二、任务实施 ……………………………………………………………………………（41）
　　　三、任务小结 ……………………………………………………………………………（48）
　　任务二　自下而上的层次原理图设计方法 …………………………………………………（48）
　　　一、任务描述 ……………………………………………………………………………（48）
　　　二、任务实施 ……………………………………………………………………………（48）
　　　三、任务小结 ……………………………………………………………………………（50）
　　　四、训练与巩固 …………………………………………………………………………（50）

项目五　5V 电源电路印制电路板的设计 ………………………………………………………（54）

　　任务　5V 电源电路印制电路板的设计 ………………………………………………………（54）
　　　一、任务描述 ……………………………………………………………………………（54）
　　　二、任务实施 ……………………………………………………………………………（54）
　　　三、任务小结 ……………………………………………………………………………（64）
　　　四、训练与巩固 …………………………………………………………………………（64）

项目六　信号发生器电路印制电路板的设计 ……………………………………………………（65）

　　任务　信号发生器电路原理图的绘制 ………………………………………………………（65）
　　　一、任务描述 ……………………………………………………………………………（65）
　　　二、任务实施 ……………………………………………………………………………（66）
　　　三、任务小结 ……………………………………………………………………………（80）
　　　四、训练与巩固 …………………………………………………………………………（80）

项目七　文氏电桥振荡放大电路印制电路板的设计 …………………………………………（82）

　　任务一　文氏电桥振荡放大电路 PCB 设计 …………………………………………………（82）
　　　一、任务描述 ……………………………………………………………………………（82）
　　　二、任务实施 ……………………………………………………………………………（82）
　　　三、任务小结 ……………………………………………………………………………（93）
　　任务二　添加安装定位孔和覆铜区 …………………………………………………………（93）
　　　一、任务描述 ……………………………………………………………………………（93）
　　　二、任务实施 ……………………………………………………………………………（93）
　　　三、任务小结 ……………………………………………………………………………（96）

项目八　简易频率测量装置电路印制电路板的设计 …………………………………………（97）

　　任务一　原理图绘制 …………………………………………………………………………（99）
　　任务二　PCB 电路板的设计与制作 …………………………………………………………（109）

项目九　共射极分压式偏置放大电路仿真 (117)

任务一　绘制仿真原理图 (119)
一、任务描述 (119)
二、任务实施 (119)
三、任务小结 (132)

任务二　设置仿真激励源 (132)
一、任务描述 (132)
二、任务实施 (132)
三、任务小结 (138)

任务三　放置节点网络标号 (138)
一、任务描述 (138)
二、任务实施 (138)
三、任务小结 (139)

任务四　设置电路仿真方式、运行仿真 (140)
一、任务描述 (140)
二、任务实施 (140)
三、任务小结 (149)
四、训练与巩固 (151)

附录 A　Protel DXP 2004 快捷键一 (153)

附录 B　Protel DXP 2004 快捷键二 (156)

附录 C　原理图设计快捷键 (157)

附录 D　PCB 快捷键 (160)

附录 E　手工布线常用快捷键 (163)

附录 F　Protel 2004 常用元器件图形符号 (164)

附录 G　常用元器件图形符号 (165)

参考文献 (170)

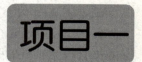

5V 电源电路原理图绘制

■ 项目简介

本项目重点在于掌握 Protel DXP 2004 软件的基本使用方法。以 5V 电源电路原理图为例，掌握软件的启动、新建、保存、元器件的查找、元器件的设置等一系列的基本操作。5V 电源电路原理图，如图 1.1 所示。

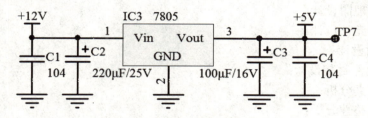

图 1.1　5V 电源电路原理图

■ 学习目标

知识目标：学会 Protel DXP 2004 项目的新建、保存、图纸的设置、元器件的查找、放置、属性设置以及连线。

技能目标：进一步熟悉 Protel DXP 2004 作图前的准备工作，并能够独立绘制一张原理图。

情感目标：提高学生自主学习以及接受新事物的能力。

任务一　Protel 简介和安装

一、任务描述

本任务主要介绍 Protel 的发展历程和主要功能，以及安装的注意事项。通过本任务的学习，将对 Protel DXP 2004 软件有初步的认识。

二、任务实施

第一步：读一读

1988 年，美国 ACCEL Technologies 公司推出了 TANGO 电路设计软件包，开创了电子设计自动化的先河。随后，澳大利亚的 Protel 公司在 TANGO 软件包的基础上研发出了 Protel For

DOS，并于 1991 年推出了基于 Windows 平台的 PCB 软件包 Protel For Windows。1994 年，Protel 公司首创 EDA Client／Server 体系结构，使各种 EDA 工具可以方便地实现无缝链接，从而确定了桌面 EDA 系统的发展方向。

1999 年，Protel 公司正式推出了 Protel 99——具有 PDM（Product Data Management，产品数据管理）功能的强大 EDA 综合设计环境。2000 年，Protel 公司兼并了美国著名的 EDA 公司 ACCEL（PCAD），并随后推出了 Protel 99 SE，进一步完善了 Protel 99 软件的高端功能。既满足了产品的高可靠性，又极大地缩短了设计周期，降低了设计成本。

2001 年，Protel 公司相继收购了数家电路设计软件公司，并正式更名为 Altium（中文名为"奥腾"）。2002 年，Altium 公司推出了在新 DXP 平台上使用的产品 Protel DXP，它集成了更多工具，是业内第一个可以在单个应用程序中完成整个电路板设计处理的工具。

2004 年，Altium 公司引入"LiveDesign"设计环境概念，又推出了 Protel DXP 2004（也称 DXP 2004），从多方面对 Protel DXP 进行了改进和完善，性能更加稳定，功能更加全面，很快成为众多 EAD 用户的首选电路设计软件。

Protel DXP 2004 主要提供了以下功能：
（1）电路原理图设计；
（2）原理图元件设计；
（3）PCB 图设计；
（4）PCB 元件封装设计；
（5）电路仿真分析；
（6）信号完整性分析；
（7）现场可编程门阵列（FPGA）器件设计。

其中，绘制电路原理图和设计 PCB 图是 Protel DXP 2004 的最主要功能。当缺少原理图元件或元件封装时，用户可以自己动手制作。如果想分析和检测电路的性能，可以对其进行电路仿真。

第二步：看一看

Protel DXP 2004 的运行环境，如表 1.1 所示。

表 1.1　Protel DXP 2004 的运行环境

参　数	最低配置	推荐配置
操作系统	Windows 2000 专业版	Windows XP
CPU 要求	CPU 主频为 500MHz	Pentium 4，1.2GHz 或更高
内存大小	128MB	512MB
硬盘空间	620MB	1GB 以上
显卡要求	800×600 像素、8MB 显存	1024×768 像素、32MB 显存

Protel DXP 2004 的安装如图 1.2 至图 1.7 所示。

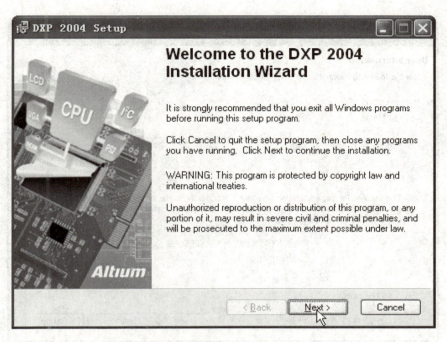

图 1.2 安装开始

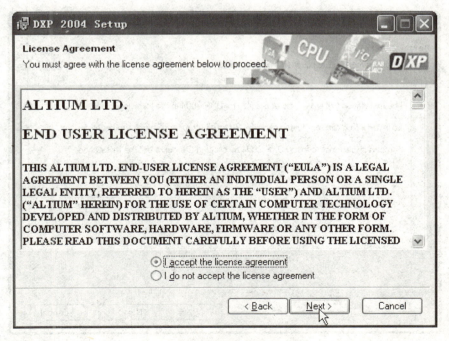

图 1.3 同意条款

电子CAD

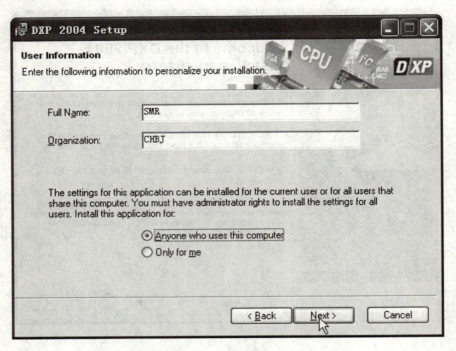

图 1.4 输入用户名

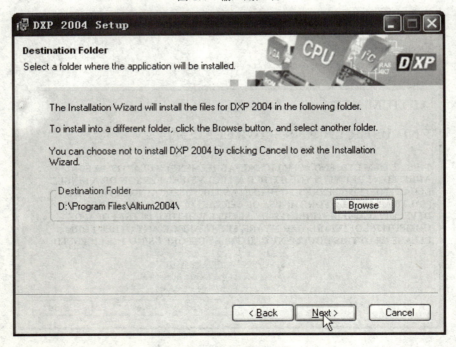

图 1.5 选择保存路径

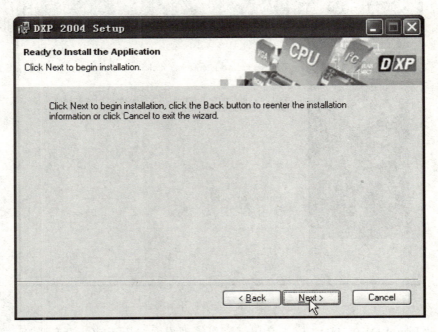

图 1.6 开始安装

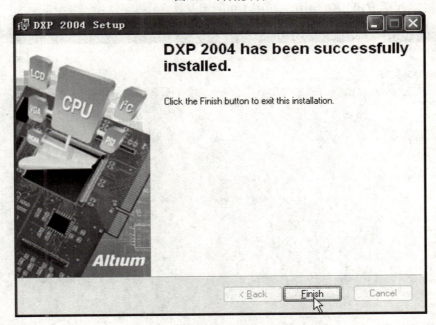

图 1.7 安装完成

自 Protel DXP 2004 正式发布后,Altium 共对其进行了四次升级,因此用户还需要到 Altium 官方升级服务器下载 SP1~SP4 升级包(包括 SP1、SP2 和 SP2 集成库、SP3 和 SP3 集成库、SP4 和 SP4 集成库),并按照发布顺序依次进行安装,如图 1.8 所示。

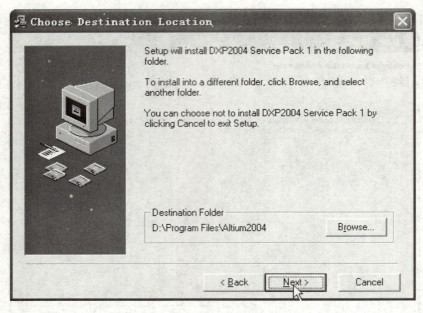

图 1.8　安装补丁

首次启动 Protel DXP 2004 SP4，会出现许可管理界面，提示软件没有激活，需要在线激活或添加授权文件后方可正常使用，如图 1.9 所示。

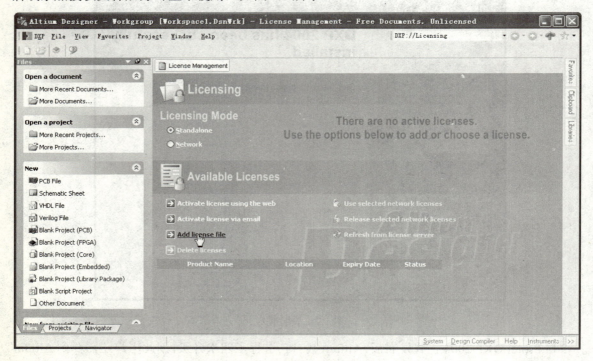

图 1.9　激活界面

至此，Protel DXP 2004 安装完毕，可以使用。

三、任务小结

本任务初步介绍了 Protel 软件以及安装流程，让初学者概括性地了解本软件的相关知识，并为后期学习软件的使用打下基础。

任务二 Protel DXP 2004 项目的新建与设置

一、任务描述

通过教师演示，掌握 Protel DXP 2004 项目的新建、保存，以及图纸、栅格、标题栏的设置。

二、任务实施

第一步：看一看

首先双击打开 Protel DXP 2004 软件，如图 1.10 所示。

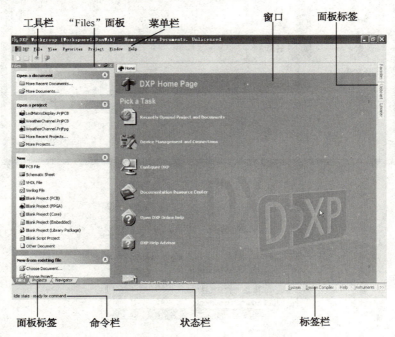

图 1.10 Protel DXP 2004 界面

通过文件→创建→项目→PCB 项目，创建一个 PCB 项目，右键单击重命名保存，如图 1.11 所示。

同理，通过文件→创建→原理图，创建一个原理图，右键单击重命名保存，如图 1.12 所示。

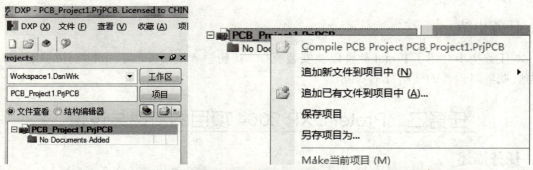

图 1.11 PCB 项目的创建与保存

图 1.12 原理图的创建

第二步：做一做

学生通过观察教师演示，在自己的计算机上新建一个 PCB 项目以及一个原理图文件，并重命名保存。

第三步：看一看

选中图纸部分，按 PgUp 键和 PgDn 键可以将图纸显示的比例尺扩大或缩小。图纸的一些设置一般有以下几种。第一种，通过右键单击图纸→选项→文档选项，如图 1.13 所示。

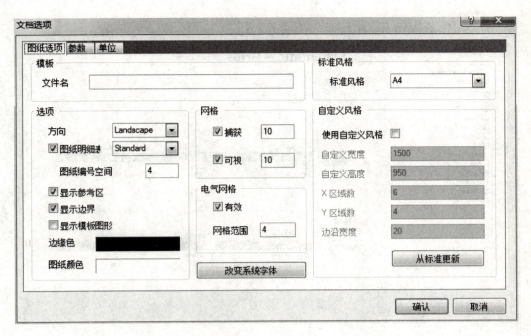

图 1.13 文档选项

其中，选项里方向指的是图纸的放置方向，有水平、垂直两种，图示为水平方向。图纸明细表为图纸右下方的标题栏类型，共两种，图示为标准类型。边缘色和图纸颜色是对图纸的色彩进行设置的，一般为白底黑框。右上角标准风格为图纸大小，A4 最小，A0 最大，也有一些特殊尺寸图纸供选择。图示中间改变系统字体，单击后可修改字体、字形、字号、颜色等，如图 1.14 所示。

图 1.14 字体修改

文档选项中网格的具体设置，可通过右键单击图纸→选项→网格来设置，如图 1.15 所示。

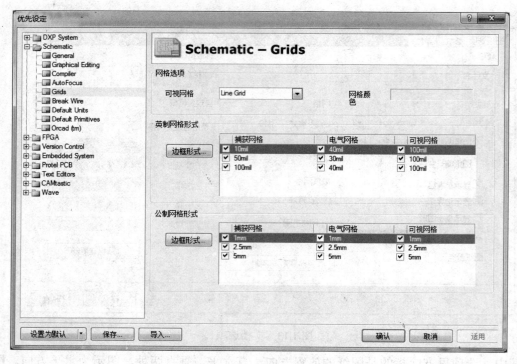

图 1.15 网格设置

其中,网格选项里的可视网格有两个选项,图示为可视网格,另一个为不可视网格。具体网格大小,可通过下列选项中的数值修改进行设定。另外,网格有快捷设置,右键单击图纸→网格,有常用选项供选择,如图 1.16 所示。

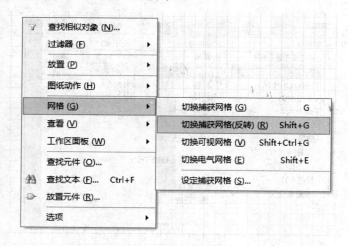

图 1.16 网格快捷选项

图纸右下角的标题栏除了可以修改类型外,还可以通过字符串设置标题栏上的具体内容。通过放置→文本字符串,可以在标题栏任意处放置,如图 1.17 所示。

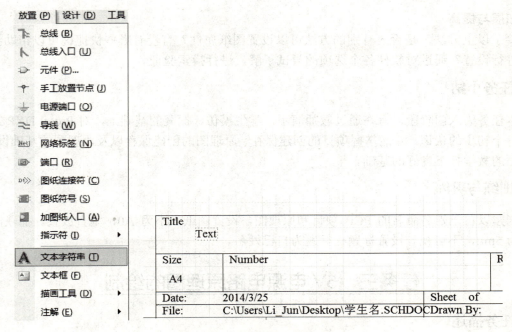

图1.17 字符串设置标题栏

通过右键单击 Text→属性，可以设置字体内容、颜色、大小、方向等属性，如图 1.18 所示。

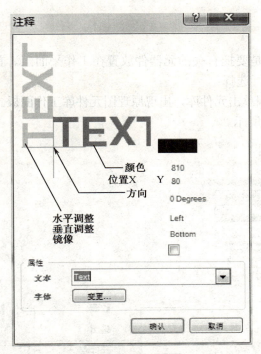

图1.18 字符串的属性设置

拓展与提高

除了以上方法,是否还有别的方法可以设置图纸属性?有没有哪些快捷键可以帮助我们快速进行设置?通过对软件各个选项的尝试了解,进行摸索验证。

三、任务小结

本任务为入门阶段,旨在通过教师演示,学生模仿、探究的基础上,对 Protel DXP 2004 软件有个初步的认识,并能掌握项目的创建保存、原理图的创建保存以及原理图的基础设置,为下面的教学打下良好的基础。

四、训练与巩固

创建以自己姓名命名的 PCB 项目和原理图,设置图纸大小为 A0,垂直放置。捕获网格大小为 5mil,不可视。设置标题栏标题为自己姓名。

任务三　5V 电源电路原理图的绘制

一、任务描述

通过教师演示,掌握 Protel DXP 2004 元器件的查找、放置、属性设置以及连线,完整地绘制一张 5V 电源电路原理图。

二、任务实施

第一步:看一看

绘制一张原理图首先是要把有关的元器件放置在工作平面上。首先,我们必须选择对应的元件库,有两种方法进行选择:

在原理图界面的最右端单击元件库,出现原理图元件库工作面板。单击命令状态栏 System →元件库按钮,如图 1.19 所示。

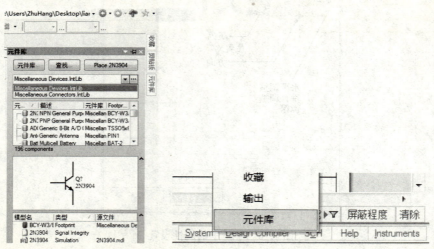

图 1.19　元件库的选择

在元件库按钮下方对话框选择元件库的种类，在下方输入元件的名称可以便捷查找。遇到不熟悉的元件或者无法查找的元件，可以利用元件库按钮右边的查找，对元件名进行精确查找。找到相应元件后，双击元件名，鼠标上即有该元件的图形，将鼠标放置在图纸相应位置后，单击鼠标左键即可放置于图纸相应位置。

如果放置不正确，可以删除所放置的元器件，方法如下。

删除单个元件：执行菜单命令编辑→删除，或选中元件按 Delete 键。

删除多个元件：执行菜单命令编辑→清除，或按快捷键 Ctrl+Delete，即可从工作区中删除选中的多个元件。

如果想退出该命令状态，可以单击鼠标右键或按 Esc 键即可。

移动单个元件：执行菜单命令编辑→移动，或鼠标选中元件后进行拖曳。

移动多个元件：执行菜单命令编辑→移动→移动选定对象，或框选所有需要移动的元器件进行拖曳。

元件方向调整：Space 键每按一次，被选中的元件逆时针旋转 90°。

第二步：做一做

用以上介绍的元件库选择、元件放置、元件删除、元件移动等知识点，按要求把"5V 电源电路"的元件放置在原理图中，如图 1.20 所示。

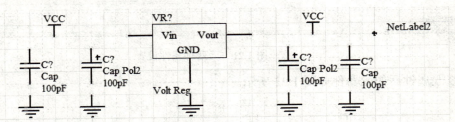

图 1.20 元器件查找与放置

第三步：看一看

元器件放置后，一般需要修改元器件的属性，改变元件属性有两种方法：

（1）用鼠标单击后拖住鼠标不放，使得元件处于可拖动状态时按下 Tab 键，进入元件属性。

（2）直接双击元件，就可以弹出元件属性对话框。

元件属性选项卡中的内容较为常用，它包括以下选项。

标识符：输入元件标号，其后的可视复选框用于设定是否显示元件标号名称。

注释：输入元件注释，其后的可视复选框用于设定是否显示元件注释。

参考库：显示此元件在库文件中的参考名。

库：显示此元件所在的库文件。

描述：该文本框中显示元件的描述信息。

唯一 ID：元件唯一编号，由系统随机给定。

图形选项：可对元件的方向、样式、颜色、边线和引脚颜色进行编辑。元器件属性设置如图 1.21 所示。

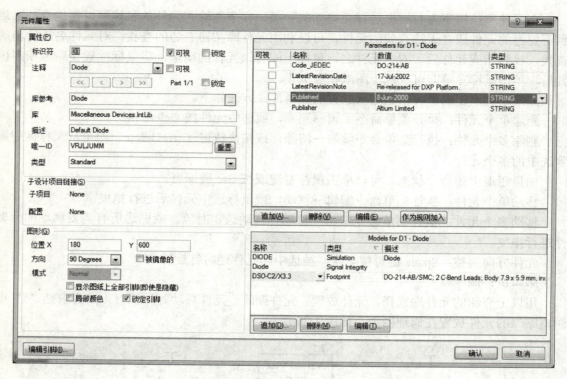

图 1.21 元器件属性设置

修改属性后的元器件如图 1.22 所示。

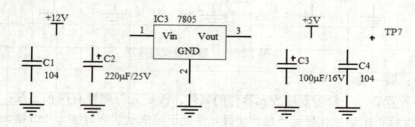

图 1.22 修改属性后的元器件

所有的元件放置完毕,并且设置好元件的属性后,就可以进行电路图中各对象间的布线。布线的主要目的是按照电路设计的要求建立网络的实际连通性。只是将元件放置在图纸上,各元件之间没有任何电气联系。执行画导线命令的方法可以有以下几种:单击画原理图工具栏中的画导线按钮。执行菜单命令放置→导线,如图 1.23 所示。

如果对绘制的某导线不满意,可以双击该导线,在弹出的对话框中设定该段导线的有关参数,如线宽、颜色等。

电源、接地、导线等都可以在菜单快捷栏处直接选取,并且都可以双击设置,如图 1.24 所示。

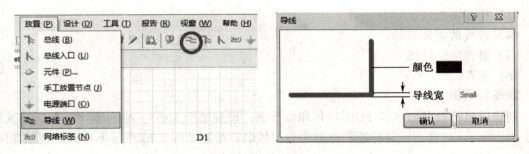

图 1.23 导线放置与设置

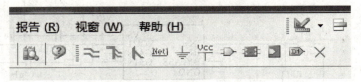

图 1.24 快捷栏

至此,5V 电源电路原理图绘制完毕。

按照以上建立元件库、查找元件、元件位置调整、更改元件属性、画导线、放置电源及接地符号等知识点,我们将三端稳压电源的原理图绘制完毕,如图 1.25 所示。

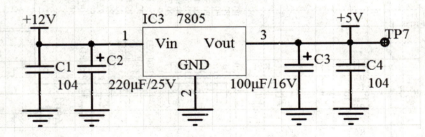

图 1.25 绘制完毕

第四步:做一做

学生根据教师演示讲解,自行绘制 5V 电源电路原理图。熟悉各操作流程与要领。

拓展与提高

元器件查找过程中,如果元器件确实无法找出,用什么方法能够绘制原理图呢?是否可以自行设计出新的元器件,加入到库中以便使用呢?

三、任务小结

本任务以 5V 电源电路原理图为载体,通过教师演示讲解了元器件的查找、放置、修改、连线等知识点,初步让学生能够完成简单的原理图绘制。充分让学生在做中学,完成原理图绘制的成就感也能激发学生学习的兴趣。

Protel DXP 2004 原理图绘制步骤:

(1)创建 PCB 项目;

(2)创建原理图;

(3) 设置图纸；
(4) 查找放置元器件；
(5) 进行电气连线；
(6) 保存。

训练与巩固

创建以自己姓名命名的 PCB 项目和原理图，设置图纸大小为 A4，水平放置。捕获网格大小为 10mil，可视。设置标题栏标题为自己姓名。绘制如图 1.26 所示单片机控制原理图。

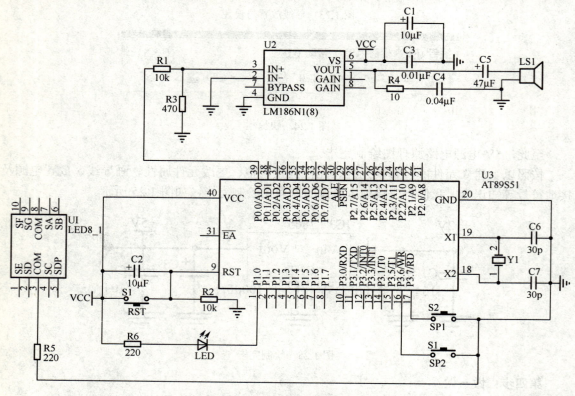

图 1.26　单片机控制原理图

信号发生器电路原理图绘制

项目简介

本项目通过信号发生器电路的绘制来叙述绘制一个原理图的过程，讲解如何利用绘图工具按照要求绘制原理图及按照要求对给定原理图进行编辑、修改。要求使用 Protel DXP 2004 绘制，电路如图 2.1 所示。

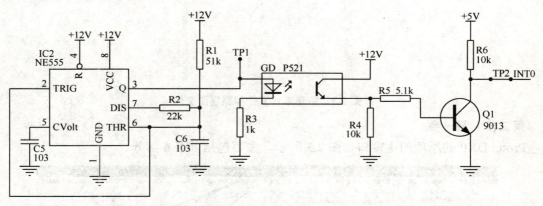

图 2.1 信号发生器电路

学习目标

知识目标：了解 Protel DXP 主窗口的组成和各部分的作用；掌握原理图环境的设置；掌握原理图库的添加和移除、掌握原理图元件的查找方法；掌握 PCB 元件库的添加和移除。

技能目标：掌握原理图环境的设置；元件的复制、粘贴、选取等操作方法；导线的连接和节点放置方法。

情感目标：培养学生严谨细致、一丝不苟的工作态度；引导学生提升职业素养，提高职业道德。

任务一 原理图设计环境设置

一、任务描述

进入电路原理编辑状态后，首先要设置图样以确定与图样有关的参数，如图样尺寸、方向、边框、底色、标题栏和字体等,本任务要求学会使用 Protel DXP 2004 对原理图设计环境进行的设置,原理图设计环境的设置包括图纸、栅格、标题栏的设置等。

二、任务实施

第一步:做一做

新建一个新的设计项目文件和原理图文件,并将文件分别保存为"信号发生器电路.PrjPCB"和"信号发生器电路.SchDoc",如图 2.2 所示。

图 2.2 新建项目文件和原理图文件

第二步:看一看

Protel DXP 的原理图主窗口如图 2.3 所示,主要包括以下 6 部分。

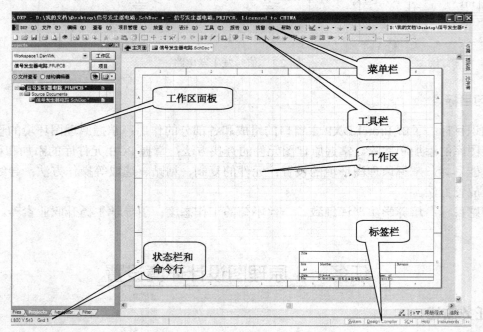

图 2.3 Protel DXP 的原理图主窗口

（1）菜单栏

文件：主要用于文件的管理，通常包括文件的新建、打开、保存当前设计文件的功能。

编辑：主要用于当前设计文件的编辑处理，通常包括复制、粘贴、删除等功能。

查看：主要用于工作区的显示比例、工具栏、工作区面板、状态栏显示或隐藏等的管理。一般用于调节工作区中图纸的显示比例，控制工具栏、工作区面板、状态栏是否显示。

项目管理：主要用于工程文件的编译、分析、管理等。

放置：主要用于放置各种图件，如导线、总线、元件、节点等。

设计：主要用于产生各种设计操作，如产生网络表、更新其他文件等。

工具：主要使用各种具体工具。

报告：主要用于产生各种报表文件，如元件清单等。

视窗：主要用于窗口的排列方式等的管理。

帮助：主要用于打开帮助文件。

（2）工具栏：包括有关设计文件的工具栏和有关项目文件的工具栏。

（3）工作区面板：通常位于 Protel DXP 主窗口的左边，该面板中通常包括 Files、Projects、Navigator、Filter 等面板组。

大量地使用工作区面板是 Protel DXP 相对于以前版本的一个突出特点。用户可以通过工作区面板，方便地转换设计文件、浏览元器件、查找编辑特定对象等。

A．自动隐藏工作区面板：工作区面板有两种显示模式，默认情况下，工作区面板一直显示在 Protel DXP 的左边；我们可以改变其显示模式，使其在不使用时，自动隐藏起来。单击自动隐藏模式按钮，工作区面板处于自动隐藏方式，当不使用工作区面板时，它将自动隐藏起来，并在窗口的左上角出现各工作区面板的标签，当需要使用某工作区面板时，单击相应的标签，可以再次显示该面板。显示 Files 工作面板，如图 2.4 所示。

图 2.4　显示 Files 工作面板

B．激活工作区面板：当工作区面板被关闭后，可以通过执行"查看"→"桌面布局"→"Default"菜单命令激活相应的工作区面板。

（4）标签栏：一般位于工作区的右下方，它的各个按钮用于启动相应的工作区面板。

（5）状态栏和命令行：用于显示当前的工作状态和正在执行的命令。它们的打开和关闭同样可以通过执行"查看"菜单下的相应菜单命令进行。

第三步：做一做

原理图设计环境的设置包括图纸、栅格、标题栏的设置等。

1．原理图图纸的设置

在开始绘制电路图之前首先要做的是设置正确的文档选项。打开原理图文件"信号发生器电路原理图.SchDoc"，从菜单栏选项中选择"设计"→"文档选项"命令，弹出图纸设置对话框，如图 2.5 所示。选择"图纸选项"选项卡进行图纸设置。

图 2.5　图纸属性设置对话框

"图纸选项"选项卡的设置包括以下内容。

（1）设置图纸的方向：Landscape 为水平放置图纸，Portrait 为垂直放置图纸。单击"方向"选项的 按钮，弹出下拉列表框，单击"Landscape"选项，即可将图纸设置为水平方向。

（2）设置图纸尺寸大小：标准风格为国际认可的标准图纸，有 18 种可供选择。单击"标准风格"选项的 按钮，弹出下拉列表框，可选择合适的标准图样号。用户也可自定义图纸大小，选中"使用自定义风格"复选框，需要用户自定义图纸的宽度、高度、X 区域数、Y 区域数和边沿宽度。在此将图纸大小设置为标准 A4 格式，使用滚动栏滚动到 A4 样式并单击选择。

（3）设置图纸颜色：边缘色为图纸边框颜色，单击"边缘色"右边的颜色框，将弹出"选择颜色"对话框。只要用鼠标在系统提供的 240 种基本颜色中单击一种，再单击"确认"按钮即可。图纸颜色的选择方法与边缘色的选择方法基本相同。

（4）设置图纸明细表：图纸明细表选中打钩，表示图纸显示有标题栏，有 Standard（标准标题栏）和 ANSI（美国国家标准协会标题栏）两种标题栏格式。单击"图纸明细表"选项的 按钮，弹出下拉列表框，选择"Standard"选项，即可将标题栏设置为标准标题栏。若不在"图纸明细表"前的方框打钩，则图纸不显示标题栏，用户可自行设置。

（5）设置图纸边框："显示参考区"表示显示图纸参考边框，选中该复选框则显示；"显示边界"表示显示图纸边框，选中该复选框则显示。

（6）设置栅格：栅格即电路图纸上的网格，在"网格"标签下设置图纸网格是否可见。"捕获"表示捕捉栅格，即光标位移的步长，选中此复选框表示光标移动时以捕获右边的设置值为单位，默认值为 10mil。"可视"表示屏幕显示的栅格，默认值为 10mil。"电气网格"表示电气捕捉栅格，选中该栅格画图连线时（线与线间或线与引脚间）连线一旦进入电气捕捉栅格范围时，出现红色的"×"，能够在规定的距离内自动捕捉到端点而进行连接。如果"有效"复选框没有选中，则电气栅格无效。

（7）设置字体：单击"改变系统字体"按钮，可设置字体、字形、大小等，单击"确定"按钮即可。

2．标题栏的设置

要想不用默认标题栏的话，去掉图纸明细表前的"√"，选择"放置"→"描画工具"→"直线"命令，可自行绘制标题栏；另外，要是想在标题栏写字的话，选择"放置"→"文字字符串"命令，直接插入文字即可，完成标题栏，如图 2.6 所示。

图 2.6　原理图标题栏的绘制

三、任务小结

绘制原理图首先要完成以下操作，然后才能进行原理图设计。
（1）新建设计项目和文件。
（2）原理图环境设置。
（3）安装所需要的元件库。

任务二　信号发生器电路原理图设计

一、任务描述

电路原理图中主要由电子元器件、导线、电源等电气对象组成，原理图的设计就是完成元件之间的电气连接，使之完成电路所要求的功能。本任务要求学会使用 Protel DXP 2004 放置、查找和编辑元件，学会导线的连接和节点的放置，掌握电路原理图设计的方法。

二、任务实施

第一步：做一做

打开"信号发生器电路.PrjPCB"项目文件，并在"信号发生器电路.SchDoc"电路原理图中放置一个元件。

第二步：看一看

1. 元器件的查找和放置

数以千计的原理图符号包括在 Protel DXP 中。完成例子所需要的元件已经在默认的安装库中，Protel DXP 提供了两个常用的电气元器件杂项库（Miscellaneous Devices.IntLib）和常用的接插件杂项库（Miscellaneous Connector.Intlib），常用的元件都能在这两个库内找到，一般电阻、电容、常用的三极管、二极管等位于 Miscellaneous Devices.IntLib 库中；而后者包含了一些接插件，如插座等。

（1）首先要查找电阻 R6。单击原理图界面右侧的"元件库"标签，显示元件库工作区面板，如图 2.7 所示。该面板也可以通过单击"查看"→"工作区面板"→"System"→"元件库"命令打开。

（2）使 Miscellaneous Devices.IntLib 成为当前元件库，同时该库中的所有元件显示在其下方的列表框中。从元件列表中找到电阻 Res2，单击选择电阻后，电阻将显示在面板的下方，如图 2.8 所示。

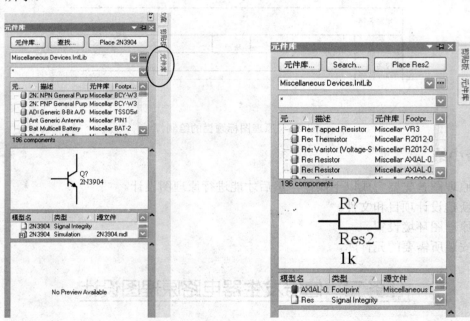

图 2.7 "元件库"面板　　　　　　　图 2.8 元件列表

（3）双击元件名 Res Resistor 或单击"元件库"面板上方的 Place Res2 按钮，光标变成十字形，同时元件 Res2 悬浮在光标上，现在处于元件放置状态。如果你移动光标，电阻轮廓也会随之移动。

（4）移动光标到图纸的合适位置，单击鼠标左键或按 Enter 键将电阻放下。在放置器件的过程中，如果需要器件旋转方向，可以按空格键进行，每按一次空格键，元件旋转 90°。

如果需要连续放置多个相同的元件，可以在放置完一个元件后单击连续放置，放置完毕后，单击鼠标右键或按 Esc 键退出元件放置模式，光标会恢复到标准箭头。

第三步：做一做

放置四个电阻，如图 2.9 所示。

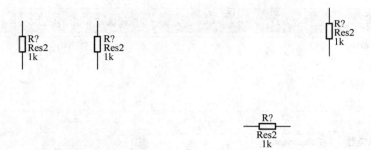

图 2.9　放置了四个电阻的原理图纸

知识链接

（1）元件的复制：选中需要复制的对象，然后单击"编辑"→"复制"命令。该命令等同于快捷键 Ctrl + C。

（2）元件的粘贴：该操作执行的前提是已经剪切或复制完器件。单击"编辑"→"粘贴"命令，然后将光标移动到图纸上，此时粘贴对象呈现浮动状态并且随光标一起移动，在图纸的合适位置单击，即可将对象粘贴到图纸中。该命令等同于快捷键 Ctrl + V。

（3）元件的清除：选中操作对象后，单击"编辑"→"清除"命令，或者按 Delete 键。

（4）按照以上所述的元件查找和放置方法，分别找到元件 Q11 和 U7，并将其放置在图纸上合适的位置。

第四步：做一做

放置信号发生器电路中的所有元件，如图 2.10 所示。

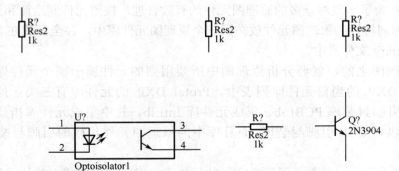

图 2.10　放置了元件后的信号发生器电路原理图纸

知识链接

作为初学者，若不知道某元件存在于哪个元件库，查找起来很困难。这时可以单击"元件库"面板上方的"查找"按钮，将弹出一个"元件库查找"对话框，如图 2.11 所示。在该对话框中输入要查找的元件的名字，假如输入当前要查找的元件名字 UA741AD。

在"查找类型"下拉列表框中选择 Components，表示要查找的是普通的元器件；在"范围"区域中选择"路径中的库"单选项，表示在前一步所设置的路径范围内进行查找，如果选择"可用元件库"单选项，则表示只在当前已经加载进来的元件库中进行查找，这种查找的范围比较小；在"路径"组合框中选择 Protel DXP 2004 的安装目录。

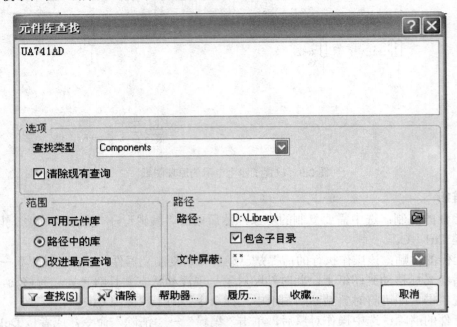

图 2.11 "元件库查找"对话框

设置完毕后，单击"查找"按钮，开始查询。开始查询后，"查找"按钮将变为"停止"按钮，如果要停止查找，单击该按钮即可。

2．原理图库的添加和移除

Protel DXP 为了实现对众多的原理图元件的有效管理，按照元件制造商和元件功能进行分类，将具有相同特性的原理图元件放在同一个原理图元件库中，并全部放在 Protel DXP 安装文件夹的 Library 文件夹中。

在绘制原理图之前，就要分析原理图中所要用到的元件属于哪个元件库，然后将其添加到 Protel DXP 的当前元件库列表中。Protel DXP 的元件库有三类：原理图元件库 SchLib、PCB 引脚封装库 PCBLib、集成元件库 IntLib。其中集成元件库指该库既包含原理图元件库又包含 PCB 引脚封装库，而且库中的原理图元件相应的引脚封装包含在 PCB 引脚封装库中。

系统默认情况下，已经载入了两个常用的元件库，但是如果要载入其他元件库，或者使用过程中移除了该库，则必须加载元件库。

（1）打开安装、删除元件库对话框

单击库文件面板中的"元件库"按钮，如图 2.12 所示，弹出如图 2.13 所示的"可用元件"库对话框。

（2）添加元件库

单击图 2.13 中的"安装"按钮，弹出选择元件库的"打开"对话框，如图 2.14 所示。

图 2.12 "元件库"面板

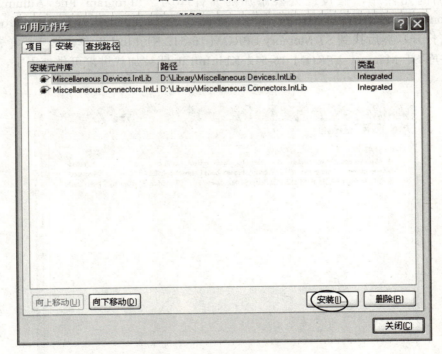

图 2.13 "可用元件库"对话框

图 2.14 选择元件库的"打开"对话框

Protel DXP 的常用元件库默认保存在安装盘的":\Program Files\Altium\Library"目录下，选中要添加的元件库，假设此处要添加的元件库为":Program Files\Altium\Library\ST Microelectronics"目录下的"ST Memory EPROM 16-512 Kbit.IntLib"，找到 ST Microelectronics 文件夹双击打开，然后找到 ST Memory EPROM 16-512 Kbit.IntLib 单击选中，单击"打开"按钮，元件库 ST Memory EPROM 16-512 Kbit.IntLib 即被加载进来可供使用了，如图 2.15 所示。

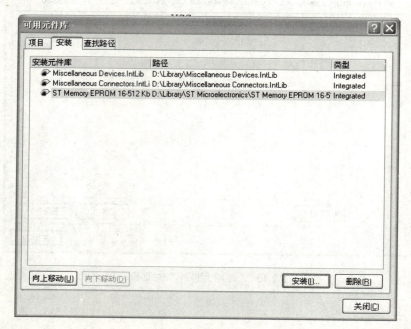

图 2.15 新添加元件库后的"可用元件库"对话框

（3）完成

单击"关闭"按钮，回到库文件面板中，可以看到当前元件库下拉列表框中已经有了刚添加的元件库"ST Memory EPROM 16-512 Kbit.IntLib"，如图 2.16 所示。

图 2.16　在"元件库"面板中选择新添加的元件库

（4）移除元件库

如果想将已经添加的元件库移除，可以在图 2.15 中选中要卸载的元件库名后，单击"删除"按钮即可。

知识链接

移除元件库并不是真正删除元件库，只是将该元件库从当前已添加元件库列表中移除，该库仍然保存在 Protel DXP 的元件库文件夹中，下次需要时仍可加载进来使用。

第五步：做一做

元件属性的设置：三极管属性设置对话框与电阻属性对话框的设置稍有不同。双击图 2.10 中的三极管，打开"元件属性"对话框，如图 2.17 所示。

图 2.17　三极管属性设置对话框

在"标识符"文本框中输入元件在原理图中的序号。本例中输入 Q11。其后的"可视"复选框如果被选中表示其可见;如果没有被选中,表示不可见。"锁定"复选框如果被选中,则表示将序号锁住不可修改。

"注释"文本框用于输入对元件的注释,通常输入元件的名字,本例中输入 8050。其后的"可视"复选框的含义同上。

依次类推,参照图 2.1 设置图中所有元件的属性。

知识链接:如何修改元件的属性

打开"元件属性"对话框的另外一种方法是:当元件处于浮动状态时,按下 Tab 键。所谓浮动状态,就是用鼠标左键单击器件,鼠标变成十字形时的状态,或是器件处于未放定时的状态。

在器件上右键单击,在弹出的快捷菜单中选择"属性"选项,也可以打开"元件属性"对话框。

第六步:做一做

1. 导线的连接

单击"放置"→"导线"命令,参照图 2.1 将各元器件连接起来。

2. 节点的放置

原理图中的节点表示相交的导线是连接在一起的,方法是:单击"放置"→"手工放置节点"命令,然后将十字光标对准相交导线的交点处,单击鼠标左键即可放置一个节点。

至此,图 2.1 所示的任务全部完成,最后再次保存即可,如图 2.18 所示。

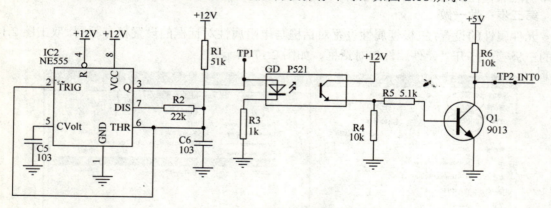

图 2.18 信号发生器电路原理图

三、任务小结

绘制原理图的一般步骤如下:

(1)新建设计项目和文件;
(2)原理图环境设置;
(3)安装所需要的元件库;
(4)查找和放置元件,并设置元件的属性;
(5)根据需要对元件进行适当的编辑操作(如复制、粘贴、选取、翻转等);

（6）导线的连接、节点的放置；

（7）放置电源符号；

（8）保存。

绘制原理图的步骤并不是固定的，用户可以根据实际情况安排顺序、选取。

训练与巩固

设计单片机控制流水灯电原理图，如图 2.19 所示。

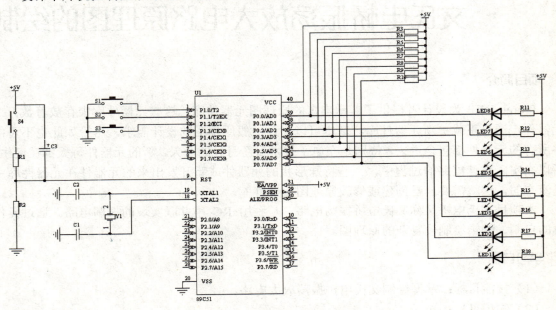

图 2.19　单片机控制流水灯电原理图

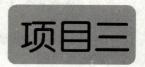

项目三

文氏电桥振荡放大电路原理图的绘制

■ 项目简介

Protel DXP 为设计者提供了非常丰富的原理图元器件库,这些元器件库中存放着数万个元器件,通过下载更新元器件库,基本可以满足一般原理图的设计需求。尽管如此也不可能将所有的元器件都包含进去,特别是在电子技术日新月异的今天,新的元器件每天都在诞生,所以在实际设计电路的过程中,一些特殊形状的元器件或新开发出来的元器件在元器件库中是没有的,这就需要自己创建或修改原理图元器件库。

本项目文氏电桥又称文氏电桥振荡电路,是利用 RC 串并联实现的振荡电路。通过元件库的自制、编辑绘制较复杂的原理图。

■ 学习目标

(1)技能目标:掌握绘制文氏电桥振荡放大电路。
(2)知识目标:
① 掌握创建项目工程、保存项目、原理图文件及自制原理图库文件的方法。
② 元件的电气连接及网络名称的标注。
(3)情感目标:培养学生团队意识和互相合作的精神。

一、任务描述

自制原理图库,通过查找元件库,编辑、修改元件库找到对应元器件进行放置,再进行连接导线及网络名称的标注,绘制原理图。

读一读

1. 元件库编辑器界面的组成

原理图元件库编辑器界面与原理图编辑器大致相同,不同的是在工作区的中心有一个十字坐标轴,将工作区划分为 4 个象限,一般在第 4 象限远点附近绘制原理图元件,如图 3.1 所示。

2. 库文件编辑面板

单击面板标签 Library Editor,即可打开库文件编辑面板,如图 3.2 所示。

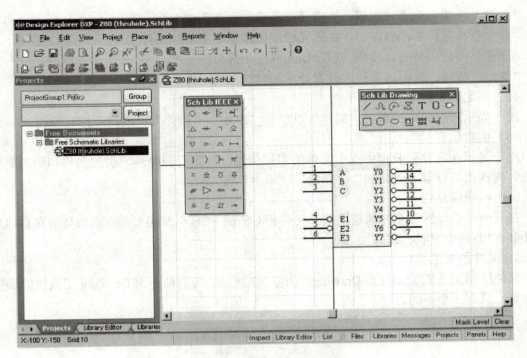

图 3.1　原理图元件库编辑器

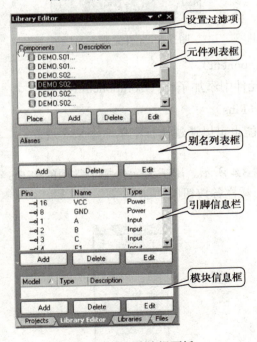

图 3.2　库文件编辑面板

（1）元件列表框

显示当前打开的元件库中所有的元件。光标指在某个元件名称上，工作区显示该元件的符号图形。

"放置"按钮:单击该按钮,所选元件放置在原理图中。
"添加"按钮:单击该按钮,在该元件库中添加一个新建元件。
"删除"按钮:单击该按钮,删除该元件库中选定的元件。
"退出"按钮:单击该按钮,设置处于编辑状态的元件。
(2)别名列表框
用于显示所选元件的别名。同样可以单击"添加"、"删除"、"编辑"按钮操作。
(3)引脚信息栏
用于显示在元件列表框中选中元件的引脚信息。包括引脚序号、引脚名称和引脚类型等信息。同样也可以单击"添加"、"删除"、"编辑"按钮操作。
(4)模块信息栏
在其中可以设置多个与原理图某个元件相对应的 PCB 引脚类型,或添加与仿真和信号完整性分析相对应的模块文件。
3. 元件绘制工具栏
元件绘制工具栏(Sch Lib Drawing)如图 3.3 所示。与原理图中 Drawing 工具栏的操作基本类似,只有 3 个不同。

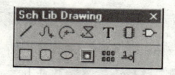

图 3.3 元件绘制工具栏

:新建元件(Component)。
:在当前编辑的元件中添加子件(Component Port)。
:绘制元件引脚(Pins)。
元件绘制工具栏的功能也可以通过执行菜单命令来实现。
4. IEEE 符号工具栏
IEEE 符号工具栏如图 3.4 所示。用于为元件加上常用的 IEEE 符号,主要用于逻辑电路。表 3.1 所示为 IEEE 符号工具栏各按钮的功能。

图 3.4 IEEE 符号工具栏

表 3.1 IEEE 符号工具栏各按钮的功能

按钮	功能	按钮	功能	按钮	功能	按钮	功能
○	低电平有效	←	信号流方向		时钟上升沿触发		低电平触发
	模拟信号输入端	✳	无逻辑性连接	⌐	延迟输出		集电极开路
▽	高阻抗状态	▷	大电流输出	⊓	脉冲信号	⊢	延时符号
]	多条 I/O 线组合	}	二进制组合		低电平有效输出	π	π 符号
≥	大于等于符号		上拉电阻集电极开路		发射极开路		下拉电阻射极开路
#	数字信号输入	▷	反向器符号	⇔	双向 I/O 符号	←	数据左移符号
≤	小于等于符号	Σ	Σ 符号	⊔	施密特触发	→	数据右移符号

IEEE 符号工具栏的功能也可以通过执行菜单命令来实现。如下 3 个菜单选项 IEEE 符号工具栏中无对应按钮。

(1) 放置/ IEEE 符号/或门：放置或门符号。

(2) 放置/ IEEE 符号/与门：放置与门符号。

(3) 放置/ IEEE 符号/或非门：放置或非门符号。

5. 元件绘制操作要点

原理图元件由两部分组成：用以表示元件功能的元件外形和元件引脚。元件外形仅仅起提示元件功能的作用，没有实质的作用。元件外形的形状、大小不会影响原理图的正确性。但对原理图的可读性具有重要的作用，因此应尽量绘制直观表达元件功能的元件外形图。元件引脚是元件的核心部分。原理图元件的每个引脚都要和实际元件的引脚相对应，而原理图元件引脚的位置是不重要的。每个引脚都包含序号和名称，引脚序号用来区分各个引脚，引脚名称用来提示引脚的功能。引脚序号是必须有的，而且不同的引脚要有不同的序号。引脚名称根据需要可以是空的。

绘制新元件的一般步骤如下：

(1) 新建一个原理图元件库；

(2) 设置工作参数（主要设置工作区的大小、方向、颜色和栅格）；

(3) 元件命名；

(4) 在第 4 象限的远点附近绘制元件外形；

(5) 放置引脚；

(6) 设置元件属性；

(7) 保存元件。

二、任务实施

图 3.5 所示是文氏电桥振荡放大电路原理图，其绘制步骤如下。

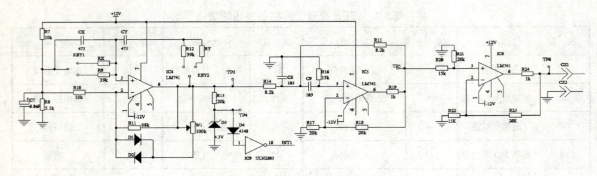

图 3.5　超声波检测电路图

第一步：做一做

1．创建工程项目、原理图文件及原理图库文件

（1）在 DXP 软件中，单击"文件"→"创建"→"项目"→"PCB 项目"命令后，如图 3.6 所示。此时"工程"面板上出现新的项目文件"PCB_Project1.PrjPCB"，如图 3.7 所示。

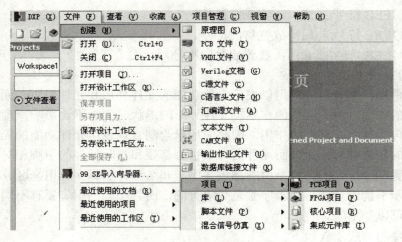

图 3.6　创建项目文件

图 3.7　新建的项目文件

（2）执行菜单命令"文件"→"创建"→"原理图"，如图 3.8 所示。"工程"面板中新建的项目文件下新生成了一个名为"Sheet1.SchDoc"的原理图文件，如图 3.9 所示。

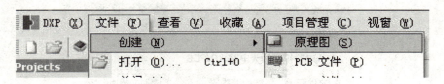

图 3.8　创建原理图

图 3.9　生成原理图文件

（3）执行菜单命令"文件"→"创建"→"库"→"原理图库"，如图 3.10 所示。"工程"面板中新建的项目文件下新生成了一个名为"Sheet1.SchLib"的原理图库文件。

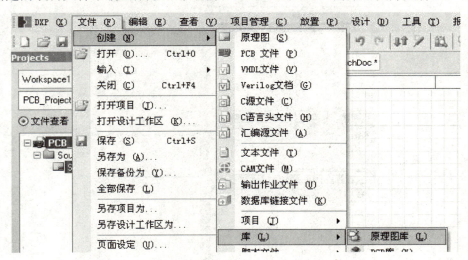

图 3.10　创建原理图库文件

（4）保存文件。用鼠标右键单击"工程"面板中的项目文件"PCB 工程 1.PrjPCB"，在弹出的快捷菜单中选择"另存项目…"，在弹出的对话框中选择路径并输入文件名"文氏电桥振荡放大电路.PRJPCB"，保存项目文件。用同样的方法保存原理图为"文氏电桥振荡放大电路.SchDoc"、保存原理图库为"文氏电桥振荡放大电路.SchLib"。保存后"Projects"面板如图 3.11 所示。

图 3.11 保存后的"Projects"面板

第二步：做一做

2．绘制原理图库文件

（1）单击下面的"原理图库"选项，即可进入元件库编辑器界面，如图 3.12 所示。

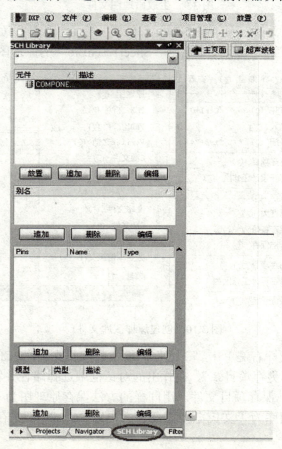

图 3.12 元件库编辑界面

（2）按照原理图要求绘制出自制元件，如图3.13至图3.16所示。

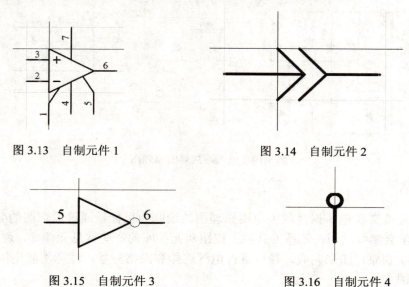

图3.13　自制元件1　　　　　　图3.14　自制元件2

图3.15　自制元件3　　　　　　图3.16　自制元件4

第三步：做一做

3．绘制原理图

按照超声波接收电路原理图放置元器件，如图3.17所示。放置好后，我们还要修改个别元件的属性及引脚。修改后如图3.18所示。修改完元件参数及属性后将放置导线和网络名称进行电气连接，完成后如图3.19所示。

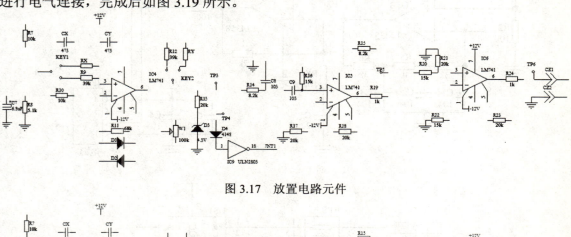

图3.17　放置电路元件

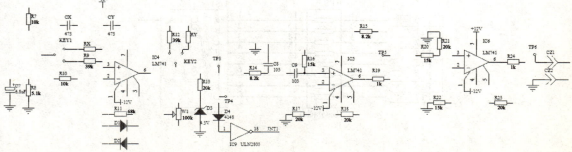

图3.18　修改属性后的元件

电子CAD

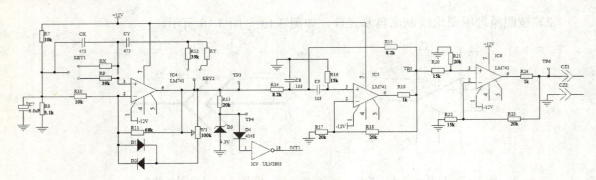

图 3.19　电气连接后的原理图

三、任务小结

本项目以完成文氏电桥振荡放大电路原理图的绘制为目标，通过原理图的分步绘制来实现。要求学生学会熟练运用，熟悉工具栏上按钮和元件库的一些常见元件库。通过创建项目、自制元件库、绘制原理图来完成，最后进行电气连接和网络标号，注意不能出错。

训练与巩固

设计如图 3.20 所示电路图。

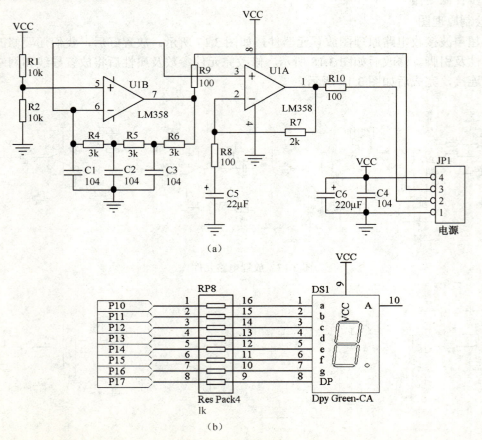

图 3.20　上机训练电路原理图

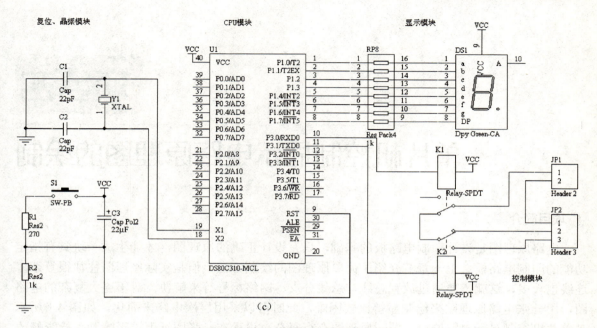

图 3.20　上机训练电路原理图（续）

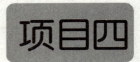

单片机控制显示电路原理图的绘制

■ 项目简介

电路原理图是设计印制电路板的基础，只有设计正确的原理图，才能生成一块具有指定功能的印制电路板。上一章节介绍了简单原理图的绘制方法，但是实际原理图往往很复杂，连线也较多，这就需要通过放置总线与总线分支、网络标号等来解决。对于庞大复杂的电路图，用一张电路原理图来绘制显得比较困难，此时可以采用层次电路来简化。如图 4.1 所示是单片机控制显示电路的原理图，原理图有点复杂，设计在一张图纸上过于臃肿，检查修改也比较困难，如果采用层次原理图的设计方法，则能克服上述缺点。

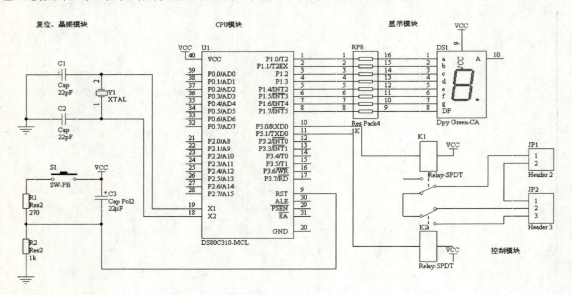

图 4.1 单片机控制显示电路原理图

■ 学习目标

知识目标：理解总线与总线分支的含义；熟悉自上向下的层次原理图绘制方法。
技能目标：学会使用总线、总线分支、网络标号；学会绘制层次原理图电路。
情感目标：培养学生团队意识和互相合作的精神。

任务一　自上而下的层次原理图设计方法

一、任务描述

读一读

层次电路原理图设计方法与软件过程中模块化的设计方法非常相似,是一种化整为零、聚零为整的设计方法。对于庞大复杂的电路图,用一张电路原理图来绘制显得比较困难,此时可以采用层次原理图来简化电路。层次电路原理图可将整张大图划分为若干个子图,每个子图还可以再向下细分。在同一项目中,可以包含无限分层深度的无限张原理图。这样做可以使很复杂的电路变成相对简单的几个模块,电路结构清晰明了,非常便于检查和修改。

层次原理图的优点主要体现在以下 3 个方面。

① 降低了电路绘制的复杂度:将一个复杂的电路图划分为多个功能模块,可以使各部分的设计更加清晰明了。

② 缩短了项目开发周期:多个不同的设计者可以同时致力于一个项目的设计,每个人开发不同的模块,良好的分工可以更快更好地完成整个项目的设计。

③ 方便了文件的打印:缩小了原理图纸的大小,可使整个图纸的界面更加美观大方。

所谓自上而下的设计方法,就是由电路模块图产生原理图。首先要根据系统结构将系统划分为完成不同功能的子模块,建立一张总图,用电路模块代表子模块,然后将总图中各个电路模块对应的子原理图分别绘制。这样逐步细化,最终完成整个系统原理图的设计。

自上而下层次原理图设计的基本步骤如下:

① 新建一个原理图文件,作为总图;
② 绘制总图;
③ 绘制子原理图;
④ 文件保存。

二、任务实施

第一步:做一做

1. 新建项目

① 在 D 盘,建立一个名为"控制电路"的文件夹,便于文件管理。

② 执行菜单命令"文件"→"新建"→"项目"→"PCB 项目",建立一个空项目文件。

③ 执行菜单命令"文件"→"保存项目",在弹出的"保存项目"对话框中输入"单片机控制显示电路"文件名,并保存在 D 盘建立的"控制电路"文件夹中。

第二步:做一做

2. 绘制层次原理图总图

① 在上面建立的项目中新建原理图文件"单片机控制显示电路.SchDoc",作为总图,并保存在 D 盘建立的"控制电路"文件夹中。

② 单击布线工具栏 Wring 中的"图纸符号"按钮，或执行菜单命令"放置"→"图纸符号"，光标变为"十"字形，在光标的右下角有一个默认的方块电路随着光标一起移动。

③ 单击鼠标左键，确定方块电路的左上角，接着移动光标来调整方块电路的大小，然后再单击鼠标左键确定方块电路的右下角，放置后的方块电路如图 4.2 所示。

光标将带着和刚才绘制的方块电路一样大小的虚影移动，可继续放置方块电路，单击鼠标右键，可退出绘制方块电路的状态。

图 4.2　放置好的方块电路符号

④ 双击放置后的方块电路或放置前按 Tab 键弹出如图 4.3 所示对话框。

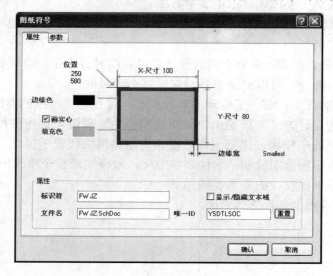

图 4.3　设置方块电路属性对话框

标识符（Designator）：方块电路的名称，如输入 FW JZ。
文件名（File Name）：方块电路所代表的下一子原理图的名称，如输入 FW JZ.SchDoc。
⑤ 采用同样的方法放置另外 3 个方块电路，完成后如图 4.4 所示。

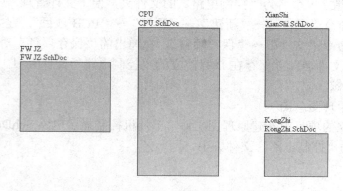

图 4.4　完成设置后的方块电路符号

⑥ 如果对方块电路的文字标注不满意,可双击该文字标注,打开文字标注属性对话框,对文字标注的字体大小、颜色及摆放角度进行修改。

⑦ 放置方块电路端口。单击布线工具栏 Wring 中的"加图纸入口"按钮,或执行菜单命令"放置"→"加图纸入口",光标变为"十"字形,将光标移入 FW JZ 方块电路单击鼠标左键,"十"字光标上叠加一个方块电路端口,按 Tab 键弹出方块电路端口属性设置对话框,如图 4.5 所示。

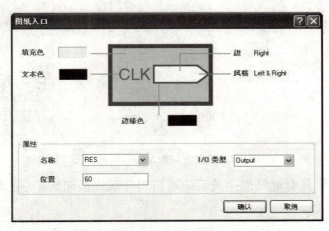

图 4.5　方块电路端口属性设置对话框

名称(Name):方块电路端口的名称,在此将其改为 RES。

I/O 类型(I/O Type):方块电路端口的输入/输出类型,单击该项右侧的下拉按钮,在下拉列表中有 Unspecified(不确定)、Output(输出)、Input(输入)、Bidiretion(双向)4 个选项,在此选 Output。

边(Side):设置端口在方块电路中的放置位置,有 Right(右侧)、Left(左侧)、Top(顶部)和 Bottom(底部)4 种选择,在此选 Right。

风格(Style):设定端口符号的外观样式,即箭头的方向,在此选 Right。

设置结束后,单击"确认"按钮即可。

⑧ 移动光标,将方块电路端口移动到适当位置,单击鼠标左键即可。这样第一个方块电路端口就设计完成了,如图 4.6 所示。

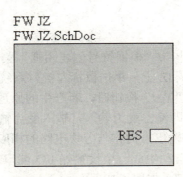

图 4.6　放置的第一个方块电路端口

⑨ 此时系统仍处于放置方块电路端口的命令状态,采用同样的方法放置方块电路的其他端口,如图 4.7 所示。单击鼠标右键或按 Esc 键退出命令状态。

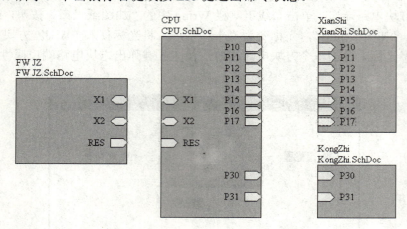

图 4.7 放置方块电路端口后的子图

⑩ 绘制导线,将具有电气连接关系的端口用导线连接起来,总图绘制完毕,如图 4.8 所示。

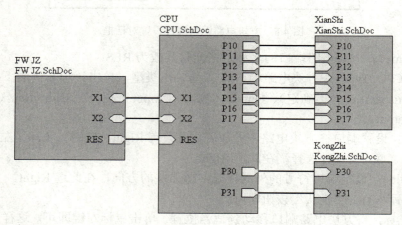

图 4.8 最终的总图

第三步:做一做

3. 绘制子图

① 在总图窗口,执行"设计"/"根据符号创建图纸"菜单命令,光标变为"十"字形。

② 将光标移至方块电路 FW JZ 上,单击鼠标左键,系统弹出是否转换输入/输出方向的对话框,如图 4.9 所示。当单击"Yes"按钮时,新产生的原理图中 I/O 端口的输入/输出方向将与方块电路的相应端口相反,即输出变为输入,输入变为输出。当单击"No"按钮时,新产生的原理图中 I/O 端口的输入/输出方向将与方块电路的相应端口相同。

③ 单击"No"按钮,系统自动生成一个设置好 I/O 端口的、与方块电路 FW JZ 属性同名的原理图文件"FW JZ.SchDoc",如图 4.10 所示。

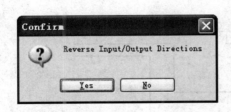
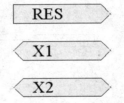

图 4.9　转换输入/输出方向对话框　　　　图 4.10　由方块电路产生的原理图文件

④ 在系统自动生成的子图中按照绘制原理图的方法绘制子原理图。绘制子原理图时应对端口的位置进行相应调整。绘制后的效果如图 4.11 所示。

⑤ 再用相同的方法绘制其他方块电路的子原理图即可，如图 4.12 至图 4.14 所示。

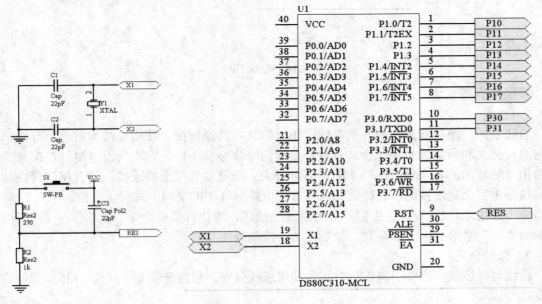

图 4.11　复位、晶振子图　　　　图 4.12　CPU 子图

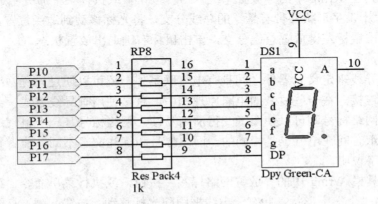

图 4.13　显示子图

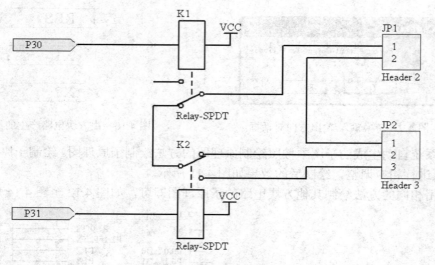

图 4.14　控制子图

拓展与提高

1．总线

总线是用一条粗线来代表几条导线，用以简化电路原理图。使用总线代替一组导线，需要与总线分支和网络标号相配合。总线与一般的导线性质不同，它本身没有电气连接意义，必须由总线接出的各个单一入口上的网络标号来完成电气意义上的连接，具有相同网络标号的导线在电气上是连接的，这样做既可以节省电路原理图的空间，又便于读图。

单击连线工具栏 Wring 中的"放置总线"按钮，或执行菜单命令"放置"/"总线"，光标变为"十"字形状，开始绘制，绘制方法与绘制导线相同。

2．总线分支

总线与导线或元器件引脚连接时必须使用总线分支，总线分支是 45°或 135°倾斜的短线段。

单击连线工具栏 Wring 中的"放置总线入口"按钮，或执行菜单命令"放置"/"总线入口"，光标变为"十"字形状并带着悬浮的总线分支，将光标移动到适当位置，按空格键可改变倾斜角度，单击鼠标左键放置总线分支，单击鼠标右键退出放置状态。

3．网络标号

除了通过画导线来定义元器件之间具有电气联系外，还可以通过设置网络标号来实现元器件之间的电气连接。在一些复杂的电路原理图中，直接使用画导线方式，会使图纸显得杂乱无章，而使用网络标号则可以使图纸变得清晰易读。网络标号是一个电气连接点，具有相同网络标号的图纸之间在电气上是相同的。网络标号和标注文字不同，前者具有电气连接功能，后者只是文字说明。

单击连线工具栏 Wring 中的"放置网络标签"按钮，或执行菜单命令"放置"→"网络标签"，光标变为"十"字形状，并有一虚线框跟随光标移动，按 Tab 键，打开网络标号属性对话框，输入网络标号名称，单击"Ok"按钮，将虚线框移动到需要放置网络标号的元器件引脚或者导线上，当红色"米"字形电气捕捉标志出现时，表明建立电气连接，单击鼠标左键放下网络标号，将光标移至其他位置可继续放置。观察可见网络标号的数字自动递增，单击鼠标右键退出放置状态。

4．操作技巧之阵列粘贴

阵列粘贴工具一般用于一次粘贴多个相同的对象。使用阵列粘贴工具复制对象，既操作方便，又节省时间。具体操作步骤如下。

① 选中复制的元器件。如电阻 R1，如图 4.15 所示。

② 执行菜单命令"编辑"→"复制"，或按快捷键 Ctrl+C，鼠标变为"十"字光标，将"十"字光标移至选中的元器件，单击鼠标左键，这样要复制的对象被复制到 Windows 剪贴板上。

③ 执行菜单命令"编辑"→"粘贴队列"，打开"设定粘贴队列"对话框，如图 4.16 所示。

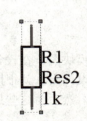

图 4.15　选择复制对象　　图 4.16　"设定粘贴队列"对话框

④ 设置完阵列粘贴参数后，单击"确认"按钮，鼠标变为"十"字光标，在合适位置单击鼠标左键，阵列将从单击鼠标左键处开始粘贴，如图 4.17 所示。

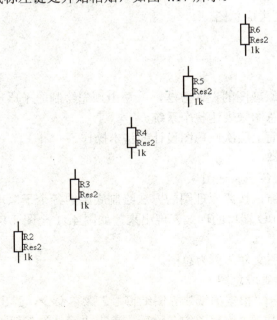

图 4.17　阵列粘贴结果

三、任务小结

可以使用总线代替一组导线，简化电路原理图。总线必须与总线分支和网络标号配合使用。总线与一般的导线性质不同，它本身没有电气连接意义，只是一种示意线，而网络标号可以完成电气意义上的连接，具有相同网络标号的导线在电气上是连通的。

任务二　自下而上的层次原理图设计方法

■ 学习目标

知识目标：理解总线与总线分支的含义；熟悉自下而上的层次原理图绘制方法。
技能目标：学会使用层次原理图总图与子图的切换方法；学会绘制层次原理图电路。
情感目标：培养学生团队意识和互相合作的精神。

一、任务描述

读一读

所谓自下而上的层次原理图设计方法就是由原理图产生电路模块图。在设计层次原理图时，用户有时不清楚每个模块都有哪些端口，这时用自上而下的设计方法就很困难。在这种情况下，应采用自下而上的设计方法，即先设计好下层的原理图，然后由这些原理图产生电路模块，再将电路模块之间的电气关系连接起来构成总图。

自下而上层次原理图设计的基本步骤如下。
① 绘制底层的各子原理图。
② 创建总图。
③ 由子原理图生成总图。
④ 文件保存。

二、任务实施

自下而上层次原理图的设计方法，就是由预先绘制的子原理图来产生方块电路符号，从而产生层次原理图总图来表达整个系统。

下面介绍自下而上层次原理图设计的基本操作。

第一步：做一做

1. 绘制底层的各子原理图

在原理图编辑窗口按照原理图的方法绘制底层的各个子原理图，把需要与其他子原理图相连的端口用电路 I/O 端口的形式表现出来，如图 4.11 至图 4.14 所示。

2. 创建总图

新建一个原理图文件，作为总图。

3. 由子原理图生成总图

执行"设计"→"根据图纸建立图纸符号"菜单命令，弹出对话框，如图 4.18 所示。在该对话框中选中其中一个原理图的名称后，单击"确认"按钮，这时系统将自动产生代表该原理图的方块电路。

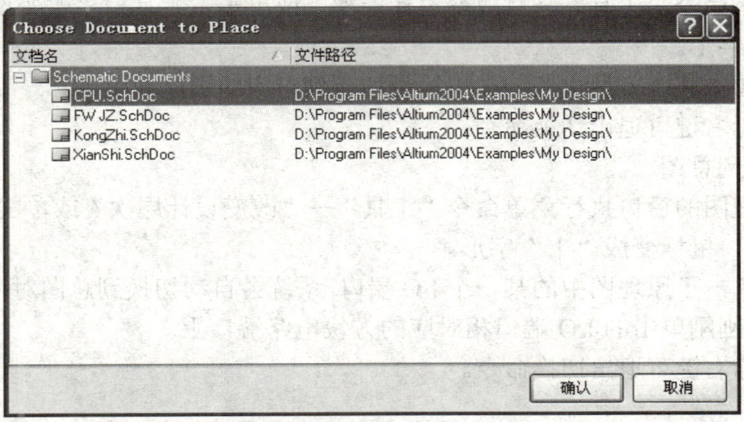

图 4.18 选择产生方块电路的原理图

在适当的位置单击鼠标左键，即可将方块电路放置在层次原理图总图中，如图 4.19 所示。可以看出，系统已将原理图的 I/O 端口相应转化为方块电路的端口。

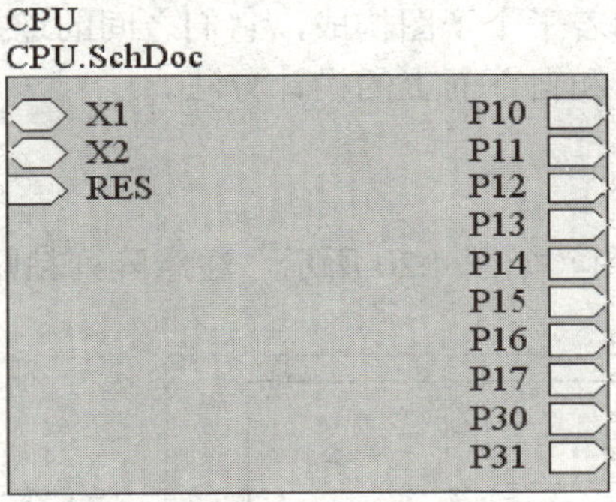

图 4.19 由原理图产生的方块电路

用同样的方法产生其他子原理图的方块电路，并将方块电路之间有电气连接关系的端口用导线连接起来，即可得到如图 4.8 所示的总图。自下而上的设计过程也就宣告完成。

4．文件保存

拓展与提高：层次原理图切换

在 Protel DXP 中，利用不同层次电路文件之间的切换可以方便地查看并编辑层次电路的多张原理图。不同层次电路文件之间的切换方法有以下几种：直接用设计管理器切换文件，从总图到子图，从子图到总图。

（1）直接用 Project 面板切换文件。

① 单击 Project 面板中有层次模块的电路原理图图标前的"+"，使其变为"-"，表明树状结构已打开。

② 不同文件切换，只需用鼠标左键单击设计管理器窗口的层次结构中所要编辑的文件名即可，系统将会自动调出相应的编辑器，并在工作平面上显示此图形文件。

（2）从总图到子图。

① 执行菜单命令"工具"→"改变设计层次"或单击主工具栏"改变设计层次"按钮，鼠标变成"十"字形。

② 单击总图中某个方块电路的端口符号切换到对应的子原理图。

③ 单击鼠标右键可退出切换命令。

（3）从子图到总图。

① 在子原理图的窗口执行菜单命令"工具"→"改变设计层次"或单击主工具栏"改变设计层次"按钮，鼠标变成"十"字形。

② 用光标单击子原理图中的某一个 I/O 端口，系统会自动切换到总图对应的方块电路上，且光标会停在与刚刚单击的 I/O 端口相对应的方块电路端口上。

③ 单击鼠标右键可退出切换命令。

三、任务小结

层次原理图是一种化整为零、聚零为整的设计方法，对于规模较大的电路原理图，可以把整张图分成几部分来绘制，特别是把整个电路按不同的功能模块分别画在几张小图上，不但便于交流，而且可以使很复杂的电路变成相对简单的几个模块，结构清晰明了，便于检查和修改。层次原理图由总图和若干个子图构成，它们之间的连接通过 I/O 端口和网络标号实现。其设计方法包括自上而下和自下而上的设计方法。

四、训练与巩固

1. 绘制存储器电路原理图，如图 4.20 所示，注意阵列粘贴的应用。

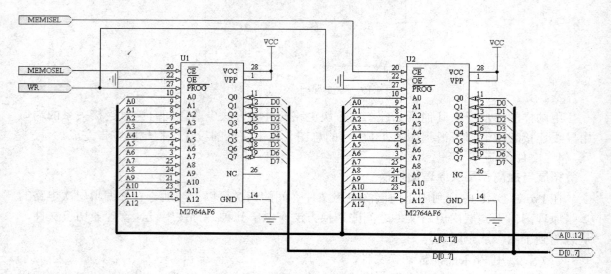

图 4.20　题 1 图

2. 用层次原理图设计方法绘制如图 4.21 所示的单片机最小系统电路，注意阵列粘贴的应用。

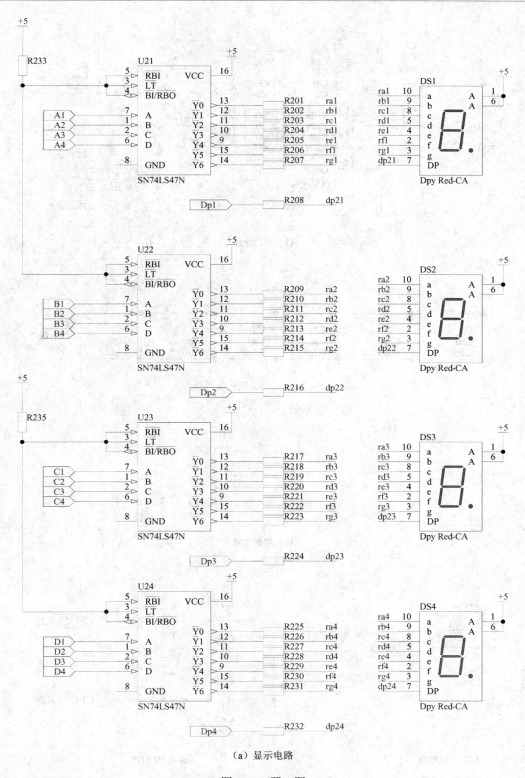

(a) 显示电路

图 4.21 题 2 图

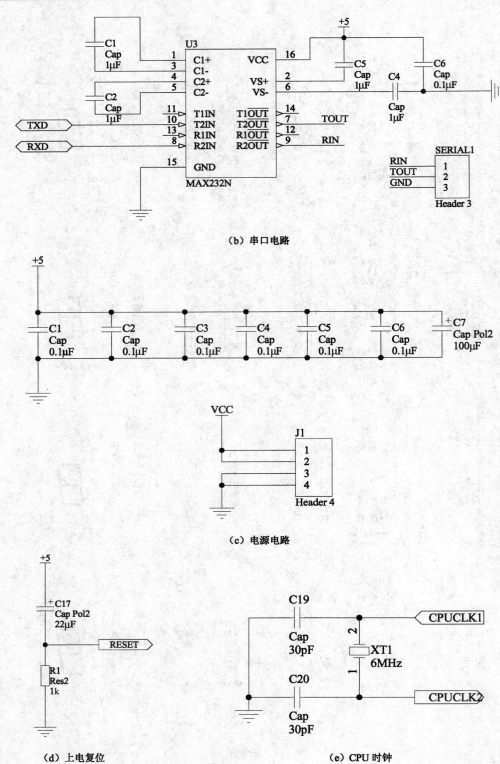

图 4.21 题 2 图（续）

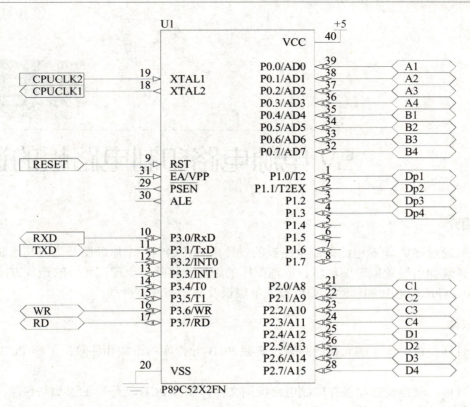

(f)单片机电路

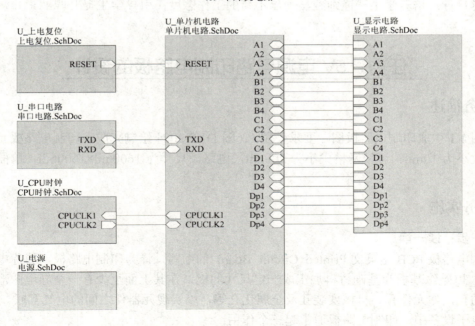

(g)单片机最小系统总图

图 4.21 题 2 图(续)

5V 电源电路印制电路板的设计

■ 项目简介

本项目通过 5V 电源电路印制电路板的设计来叙述绘制一个原理图及生成其印制电路板的过程，讲解如何设置原理图环境、原理图库的添加和移除、原理图元件的查找方法及如何进行 PCB 元件库的添加和移除、如何设置单层板及自动布线与拆线。

■ 学习目标

知识目标：进一步了解元件的封装，掌握 PCB 元件库的添加和移除；了解 PCB 板的自动布线。

技能目标：学会新建和保存印制电路板图文件；掌握 PCB 元件库的添加与移除；会设置单层板并能自动布线与拆线。

情感目标：培养学生严谨细致、一丝不苟的工作态度；引导学生提升职业素养，提高职业道德。

任务　5V 电源电路印制电路板的设计

一、任务描述

将图 1.1 生成印制电路板图，要求使用 Protel DXP 2004 绘制完成，印制电路板元件移动的网格大小为 10mil，可视网格大小为 200mil，电路板尺寸为 1600mil×1600mil，单面板，自动布线。

二、任务实施

第一步：读一读

印制电路板 PCB 是英文 Printed Circuit Board 的缩写，译为印制电路板，简称电路板或 PCB 板。以绝缘基板为基础材料加工成一定尺寸的板，在其上面至少有一个导电图形及所有设计好的孔，如元件孔、机械安装孔及金属化孔等，以实现元器件之间的电气互联。

在电子设备中，印制电路板通常起三个作用：

（1）为电路中的各种元器件提供必要的机械支撑；

（2）提供电路的电气连接；

(3) 用标记符号将板上所安装的各个元器件标注出来,便于插装、检查及调试。

目前的印制电路板一般以铜箔覆在绝缘板(基板)上,故亦称覆铜板。

印制电路板的种类很多,根据元件导电层面的多少可以分为单面板、双面板、多层板。

1．单面板

单面板在电器中应用最为广泛,仅一面有导电图形,板的厚度为 0.2~5.0mm,它是在一面敷有铜箔的绝缘基板上,通过印制和腐蚀的方法在基板上形成印制电路,它适用于一般要求的电子设备。

2．双面板

双面板是指两面都有导电图形的印制板,板的厚度为 0.2~5.0mm,它是在两面敷有铜箔的绝缘基板上,通过印制和腐蚀的方法在基板上形成印制电路,两面的电气互联通过金属化孔实现。它适用于要求较高的电子设备,如计算机、电子仪表等,由于双面印制板的布线密度较高,所以能减小设备的体积。

3．多层板

多层板机构复杂,它由交替的导电图形层及绝缘材料层层压粘而成的一块印制板,导电图形的层数在两层以上,层间电气互联通过金属化孔实现。多层板的连接线短而直,便于屏蔽,但印制板的工艺复杂,由于使用金属化孔,可靠性下降,它常用于计算机的板卡中。

双面板和多层板的采用,极大地提高了电路板的元件密度和布线密度,但制作成本也相对较高。

第二步:做一做

新建印制电路板文件

(1) 新建印制电路板文件:选择"文件"→"创建"→"PCB 文件"命令,新建一个名为 PCB1.PchDoc 的印制电路板文件,显示在 PCB 项目"5V 电源电路.PrjPCB"的下方。

(2) 保存印制电路板文件:单击工具栏中的"保存"按钮,在弹出的对话框中选择保存路径为"D:\PCB 制板\5V 电源电路\",将印制电路板文件保存为"5V 电源电路.PchDoc"。

保存后,文件面板中的文件名也同步更新为"5V 电源电路.PchDoc"。右边的黑底灰线网格图纸就是 Protel DXP 2004 的印制电路板绘制的工作区域,如图 5.1 所示。

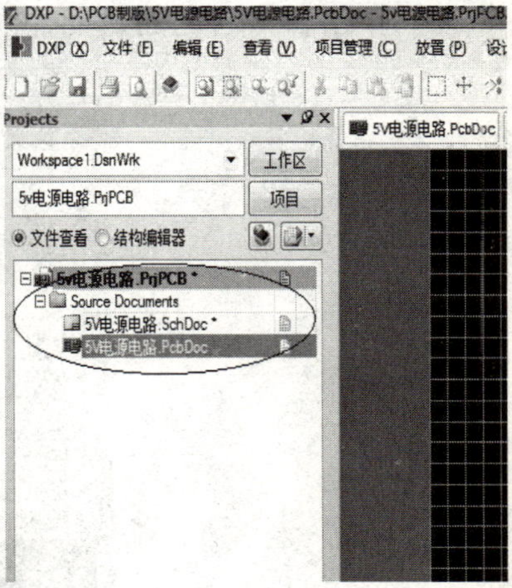

知识链接

和原理图编辑环境相比较,在 PCB 图编辑环境中,除了图纸颜色选用黑色背景外,菜单栏也增加了"自动布线"一项。其余菜单的内容也有很大的变化,具体操作在后续过程中会有详细介绍。

PCB 图编辑环境,如图 5.2 所示。

图 5.1 新建并保存印制电路板文件

第三步:读一读

PCB 元件库的添加与移除

在 Protel DXP 安装目录下的"*:\Program Files\Altium\Library\"目录中,存放着大量的 PCB 元件封装库,在不同的元件封装库中又含有许多不同种类、不同尺寸大小的 PCB 元件封装，熟练了解 Protel DXP 元件封装库的各种封装是正确、快速地为元件选用合适封装的前提，而合适的选择元件封装是成功制作电路板的第一步。

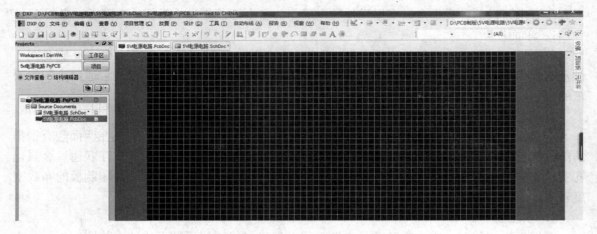

图 5.2　Protel DXP 2004 的 PCB 图编辑环境

元件封装是指在 PCB 编辑器中，为了将元器件固定、安装于电路板，而绘制的与元器件引脚相对应的焊盘、元件外形等。由于它的主要作用是将元件固定、焊接在电路板上，因此它对焊盘大小、焊盘间距、焊盘孔大小、焊盘序号等参数有非常严格的要求，元器件的封装、元器件实物、原理图元件引脚序号三者之间必须保持严格的对应关系，否则直接关系到制作电路板的成败和质量。

Protel DXP 中常见的元器件封装库，基本上都在 Protel DXP 安装目录下面的"*:\Program Files\Altium\Library\Pcb"下，读者可按以下方法加入和浏览元件库。

（1）添加封装库。

① 单击窗口右侧的"元件库"标签，打开"元件库"面板，如图 5.3 所示。

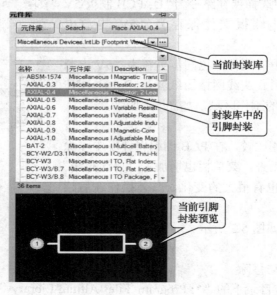

图 5.3　库文件面板

② 单击"当前封装库"后的"…"单选钮，在"封装"前打钩，可以看到库文件面板中将显示当前封装库中的引脚封装。

③ 单击库文件面板中的"元件库…"按钮，弹出如图 5.4 所示的"可用元件库"对话框。

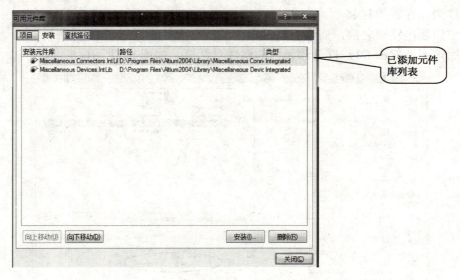

图 5.4　可用元件库对话框

④ 如果在原理图元件采用的是集成库中的元件，则一般都提供了默认的引脚封装，但如果默认的引脚封装无法满足实际元件的需要，则必须另外添加封装库，并为元件指定合适的引脚封装。

添加、移除封装库的方法和前面添加、移除原理图元件库的方法基本相同。在图 5.4 中单击"安装…"按钮，弹出选择封装库对话框，如图 5.5 所示，选中要添加的封装库，单击"打开"按钮即可将选中的封装库添加到库文件面板中。

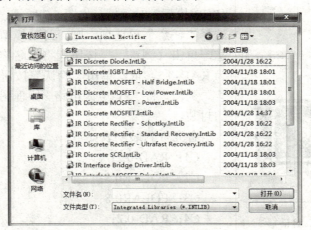

图 5.5　选择封装库对话框

（2）浏览元件库。

由于存在各种封装库，即使同一个库也有很多元件封装，设计人员对于不同库中不同的元件封装不可能全都熟悉，因此在选择合适的元件封装前，我们需要先浏览封装库，了解封装的具体形状和参数。

第四步：做一做

为原理图元件添加封装

在生成印制电路板之前，需要对原理图中的所有元件设置封装。

打开原理图，双击 C1，打开该元件的属性对话框，如图 5.6 所示。

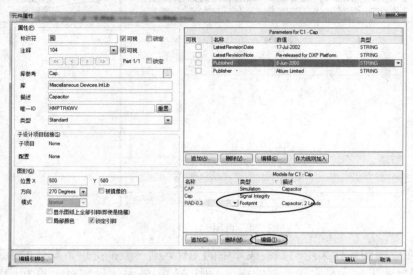

图 5.6 "元件属性"对话框

在右下方的 Footprint 列表框中可以选择相应的元件封装类型。

图 5.7 "PCB 模型"对话框

本例中，需要将电容元件的封装设为 RAD-0.2，列表框中不存在该选项，单击右下方的"编辑…"按钮，打开"PCB 模型"对话框，如图 5.7 所示，在"PCB 库"区域中选择"任意"单选项，则"封装模型"区域处于可编辑状态，单击"浏览…"按钮，将"名称"文本框中的内容改为 RAD-0.2，依次单击"确认"按钮退出。

类似，将"5V 电源电路"原理图的其余元件设置相应的封装。

各元件封装列表如下：

C1：RAD-0.2；
C2：POLAR0.8；
C3：POLAR0.8；
C4：RAD-0.2；
IC3：SIP-G3/Y2。

第五步：做一做

规划印制电路板

（1）图纸的设定。

选择"设计"→"PCB板选择项…"命令，弹出"PCB板选择项"对话框，如图5.8所示。

在"可视网格"区域中将"网格2"的值改为200mil，在"元件网格"区域中将X和Y的值均改为10mil，其余默认，单击"确认"按钮。

（2）定义电路板的电气轮廓。

单击编辑区下方的Keep Out Layer标签，将Keep Out Layer（禁止布线层）设置为当前层。

选择"放置"→"禁止布线区"→"导线"命令，在编辑区适当位置单击绘制第一条边，再依次绘制其他边，最后绘制成一个封闭的多边形，如图5.9所示。这里是一个矩形，尺寸为1600mil×1600mil，以此矩形边框作为电路板的尺寸，此后，放置元件和布线都要在此边框内部进行。

图5.8 "PCB板选择项"对话框　　　　图5.9 电路板的电气轮廓

（3）定义当前层。

单击编辑区下方的Top Layer标签，将Top Layer（顶层）设为当前层，元件就放在该层上。

知识链接：层的介绍

Top Layer：顶层信号层，插针式元件一般放置在该层。

Bottom Layer：底层信号层，单面板布线时走线即在该层。双面板布线时需要在Top Layer和Bottom Layer层上走线。

Mechanical：机械层，用于描述电路板机构结构、标注及加工等说明所使用的层面，不具有任何的电气连接特性。Mechanical 1用于设置电路板的边框线，Mechanical 16记录着PCB的图纸信号，其他层通常情况下可不设置。

Top Overlay：顶层丝印层，位于印制电路板的最上层，并记录着一些标志图案和文字标号，如元件的标号、封装形状、厂家标志及生产日期等，以便于安装和维修。多层板的丝印层分Top Overlay（顶面丝印层）和Bottom Overlay（底面丝印层）。

Keep-Out Layer：禁止布线层，主要用于定义放置元件和布线的区域范围。只有在这里设置了布线框，才能启动系统的自动布局和自动布线功能。

Multi-Layer：多层，通常焊盘和通孔都位于这个工作层面，表示贯穿所有层。

第六步：做一做

将原理图文件传输到PCB中

(1) 打开"5V 电源电路"原理图，选择"设计"→"Update PCBDocument5V 电源电路.PcbDoc"命令，弹出如图 5.10 所示的"工程变化订单"对话框。

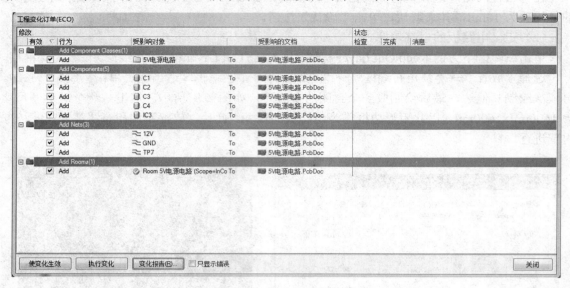

图 5.10 "工程变化订单"对话框

(2) 单击"使变化生效"按钮，系统将检查所有的更改是否都有效，如果有效，将在右边的"检查"栏的对应位置打钩；如果有错误，"检查"栏中将显示红色错误标识，如图 5.11 所示。

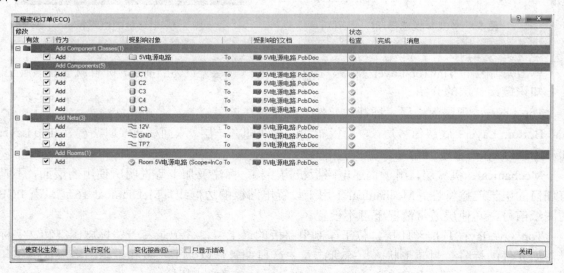

图 5.11 单击"使变化生效"按钮后的结果

(3) 单击"执行变化"按钮，系统将执行所有的更改操作，如果执行成功，"状态"区域中的"完成"列表栏将被勾选。

(4) 单击"关闭"按钮退出。PCB 板编辑区变成如图 5.12 所示，元器件封装已导入当前 PCB 文件中，PCB 文件被更新。

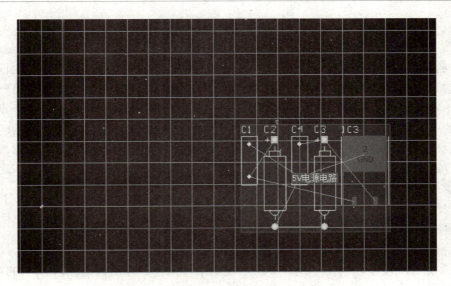

图 5.12 导入元器件封装的 PCB

第七步：做一做

元件布局

单击元件，将元器件封装一个个放置在电路板区域中（紫色区域）。放置过程中，注意元器件的布局排列，名称不要倒置，紧靠元器件摆放，不要挡住元器件。可以利用快捷键 X、Y 和空格键完成方向的转换。元器件封装排列好的 PCB，如图 5.13 所示。

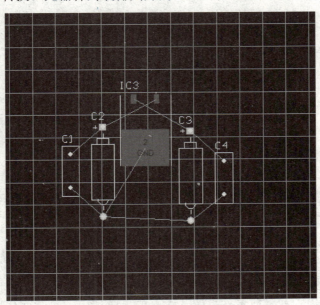

图 5.13 元器件封装排列好的 PCB

知识链接：元件布局

在载入元件引脚封装和网络连接后，所有 PCB 元件全部重叠在一起，无法进行布线。所以在布线之前，必须将元件按照设计要求分布在电路板上，以便于元件的布线、安装、焊接和调试。

元件布局有两种方法，一种为自动布局。该方法利用PCB编辑器的自动布局功能，按照一定的规则自动将元件分布于电路板框内。该方法简单、方便，但由于其智能化程度不高，不可能考虑到具体电路在电气特性方面的不同要求，所以很难满足实际要求。另一种为手工布局。设计者根据自身经验、具体设计要求对PCB元件进行布局。该方法取决于设计者的经验和丰富的电子技术知识，可以充分考虑电气特性方面的要求，但需花费较多的时间。一般情况下，我们可以采用两者结合的方法，先自动布局，形成一个大概的布局轮廓，然后根据实际需要再进行手工调整。

第八步：做一做

自动布线

（1）设置自动布线规则。

在自动布线之前，需要对布线规则进行设置。

在PCB编辑环境下，单击"设计"→"规则…"命令，弹出如图5.14所示的对话框。

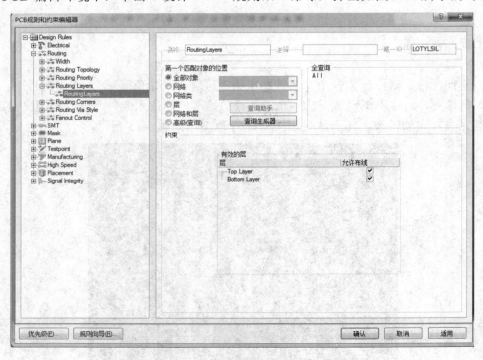

图5.14 "PCB规则和约束编辑器"对话框

该对话框左侧显示的是设计规则的类型，共分为10类，包括电气类型（Electrical）、布线类型（Routing）、表面贴装元件类型（SMT）等。右侧则显示对应设计规则的设置属性。

并非所有的布线规则都需要重新设置。在一般电路板中，只需要依据实际情况或设计要求对主要的布线规则进行设置，而其他规则可以采用默认参数。本节只介绍布线层面规则选择，其他的布线规则采用默认值。通过该规则可以决定电路板的种类——双面板或单面板，系统默认设置为双面板，即信号层为顶层和底层，其中顶层布线方向默认为水平方向，底层布线方向默认为垂直方向。

双击 Routing，双击 Routing Layers，可以看见有关布线板层的具体规则，如图 5.15 所示。

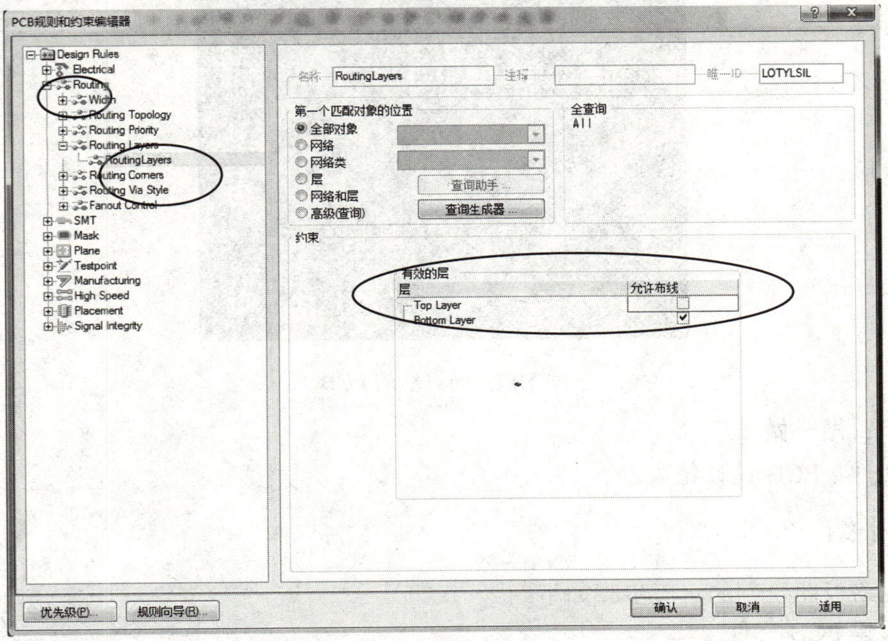

图 5.15 设置成底层布线

这里是单层板，布线层面可设置为顶层不使用，底层布线方向没有限制，可为任意方向。在"约束"区域中将 Top Layer 层中"允许布线"的复选标记去除。若是双层板默认即可。

本例中由于元件较少，电路板面积较大，为降低成本，所以设置为单面板。

知识链接

布线层面选择规则只能设置一个，不可在已经有一个布线层面规则的情况下，再添加一个布线层面规则。特别是不能同时设置两个相互矛盾的布线层面，如一个规则选择单面板，另一个规则选择双面板，这将导致无法进行自动布线。

（2）自动布线。

单击"自动布线"→"全部对象…"命令，系统将弹出"Situs 布线策略"对话框，如图 5.16 所示，其中显示"可用的布线策略"，一般情况下均采用系统默认值。单击"Route All"按钮。

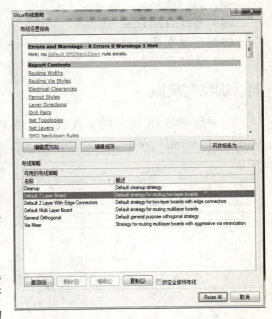

图 5.16 "Situs 布线策略"对话框

软件开始布线，布好线的 PCB 如图 5.17 所示。

（3）如果对布线效果不满意，可以选择"工具"→"取消布线"下的某一选项，取消相应布线，重新设定规则，进行布线。

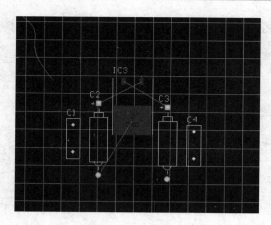

图 5.17 布好线的 PCB

第九步：做一做

保存文件，PCB 设计结束。

三、任务小结

印制电路板图绘制的一般步骤如下：
（1）新建 PCB 文件；
（2）更新 PCB 图；
（3）自动布局；
（4）布线规则设置；
（5）自动布线；
（6）文档保存。

四、训练与巩固

制作如图 5.18 所示的单管放大电路 PCB，要求制作单面板，自动布线，PCB 的尺寸为 60mm（1580mil）×40mm（2380mil）。

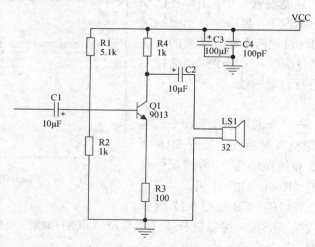

图 5.18 单管放大电路原理图

项目六

信号发生器电路印制电路板的设计

■ 项目简介

本项目通过信号发生器电路的设计来叙述绘制一个原理图的过程，讲解如何调入或关闭库文件、库元件的添加、绘制新的库元件及如何建立新库、如何按照设计要求合理摆放元件、如何对元件的属性进行编辑。

■ 学习目标

知识目标：了解 Protel DXP 主窗口的组成和各部分的作用；掌握库文件的使用方法和元件属性的编辑方法。

技能目标：会调入和关闭库；会创建新库；会编辑元件属性；能按照设计要求合理摆放元件。

情感目标：培养学生严谨细致、一丝不苟的工作态度；引导学生提升职业素养，提高职业道德。

任务 信号发生器电路原理图的绘制

一、任务描述

本项目需要完成的任务是绘制一张简单的转速检测电路原理图，要求使用 Protel DXP 2004 绘制，电路如图 6.1 所示。

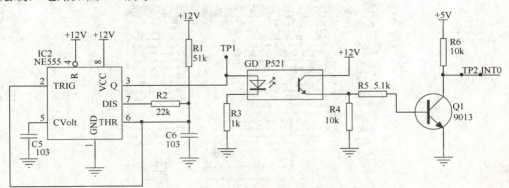

图 6.1 信号发生器电路

二、任务实施

第一步：读一读

Protel DXP 为了实现对众多的原理图元件的有效管理，按照元件制造商和元件功能进行分类，将具有相同特性的原理图元件放在同一个原理图元件库中，并全部放在 Protel DXP 安装文件夹的 Library 文件夹中。

在绘制原理图之前，就要分析原理图中所要用到的元件属于哪个元件库，然后将其添加到 Protel DXP 的当前元件库列表中。Protel DXP 的元件库有三类：原理图元件库 SchLib、PCB 引脚封装库 PCBLib、集成元件库 IntLib。其中，集成元件库是指该库既包含原理图元件库又包含 PCB 引脚封装库，而且库中的原理图元件相应的引脚封装包含在 PCB 引脚封装库中。

系统默认情况下，已经载入了两个常用的元件库，但是如果要载入其他元件库，或者使用过程中移除了该库，则必须加载元件库。

第二步：做一做

1．打开安装/删除元件库对话框

单击库文件面板中的"元件库..."按钮，如图 6.2 所示，弹出如图 6.3 所示的"可用元件库"对话框。

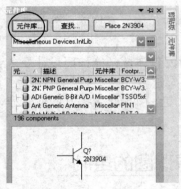

图 6.2 "元件库"面板

图 6.3 "可用元件库"对话框

2．添加元件库

单击图 6.3 中的"安装..."按钮，弹出选择元件库"打开"对话框，如图 6.4 所示。

图 6.4 选择元件库"打开"对话框

Protel DXP 的常用元件库默认保存在安装盘的":\Program Files\Altium\Library"目录下，选中要添加的元件库，假设此处要添加的元件库为":\Program Files\Altium\Library\ST Microelectronics"目录下的"ST Memory EPROM 16-512 Kbit.IntLib"，找到 ST Microelectronics 文件夹双击打开，然后找到 ST Memory EPROM 16-512 Kbit.IntLib 单击选中，单击"打开"按钮，元件库 ST Memory EPROM 16-512 Kbit.IntLib 即被加载进来可供使用了，如图 6.5 所示。

图 6.5 新添加元件库后的"可用元件库"对话框

3．完成

单击"关闭"按钮，回到库文件面板中，可以看到当前元件库下拉列表框中已经有了刚添加的元件库"ST Memory EPROM 16-512 Kbit.IntLib"，如图 6.6 所示。

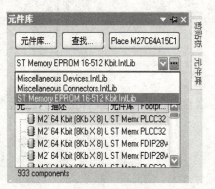

图 6.6 在"元件库"面板中选择新添加的元件库

4．移除元件库

如果想将已经添加的元件库移除，可以在图 6.5 中选中要卸载的元件库名后，单击"删除"按钮即可。

移除元件库并不是真正删除元件库，只是将该元件库从当前已添加元件库列表中移除，该库仍然保存在 Protel DXP 的元件库文件夹中，下次需要时仍可加载进来使用。

第三步：看一看

自带元器件库存在的弊端

自制元器件在进行 PCB 设计时是非常重要的，很多设计若完全依赖 Protel 自带的集成元器件库是根本无法实现的。软件自带的元器件库主要存在以下 5 项弊端。

（1）无法包含所有的电子元件。

（2）自带的元器件库有时并不好用，原理图中元件符号偏大，PCB 中元件封装不太标准，这样会对原理图和 PCB 图的绘制有很大影响。

（3）自带的元器件库中有的元件并没有对应的封装模型，需要自制。

（4）自带的元器件库中可能会存在一些错误，这样会导致无法用同步器进行网络布线。

（5）自带的元器件库中元件数量非常大，有时查找并不方便。

第四步　做一做

建立和管理自用元件库

步骤 1：建立原理图库

单击"文件"→"创建"→"库"→"原理图库"菜单项就可创建一个原理图库文件，该文件的默认名称为"Schlib1.SchLib"，用户可以修改为其他文件名，如"我的原理图库.SchLib"。

原理图库编辑器界面，如图 6.7 所示。原理图库编辑器界面主要由菜单栏、主工具条、元器件管理器和编辑窗口等组成。编辑区内有一个十字坐标轴，一般在第四象限进行元器件的编辑制作。

图 6.7　原理图库编辑器界面

单击下方的 SCH Library，左侧出现如图 6.8 所示的元件管理器。共有 4 个区域：元件区域、别名区域、Pins（引脚）区域和模型区域。

元件区域的功能是选择要编辑的元件。

别名区域用于显示元件的别名。

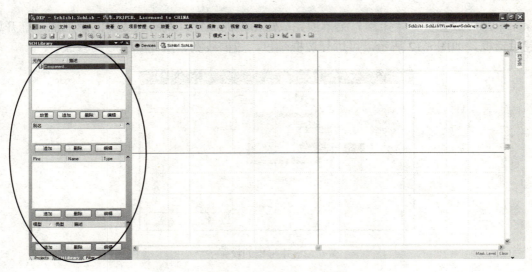

图 6.8 元件管理器

Pins（引脚）区域用于显示当前元件引脚的名称及状态信息。

模型区域用于显示当前元件模式和相关信息。

以创建如图 6.9 所示"555 定时器"符号模型为例，该符号模型主要由矩形填充和引脚组成。

（1）打开建立的"我的原理图库.SchLib"文件。

（2）单击左下侧的"SCH Library"面板标签，就会显示出元件管理器，同时发现在文件中有一个默认的原理图符号名"Component"，如图 6.10 所示。

（3）单击"工具"→"重新命名元件"命令，出现如图 6.11 所示对话框，在这里将其名称修改为"555 定时器"，单击"确认"按钮即可完成名称的更改。

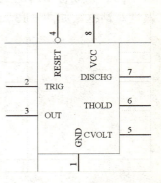

图 6.9 555 定时器

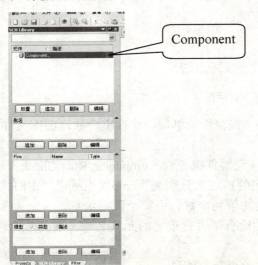

图 6.10 元件管理器

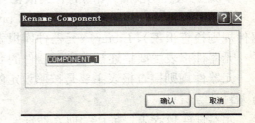

图 6.11 重新命名元件

(4)单击"放置"→"矩形"菜单项完成矩形框的放置,双击放置好的矩形框,打开属性设置对话框,如图6.12所示,可进行边框颜色、边框线宽、填充颜色等的修改。

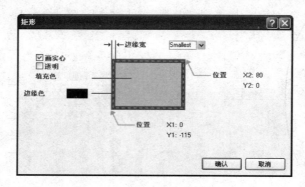

图6.12 矩形框的设置

(5)单击"放置"→"引脚"菜单项进行引脚的放置。

(6)完成各引脚的放置后,需要对各引脚进行关系的定义。双击该引脚可打开该引脚的属性对话框,如图6.13所示。

图6.13 "引脚属性"对话框

(7)元件符号模型创建好后,单击"文件"→"保存"菜单项,保存整个原理图库文件。

步骤2:建立元器件图库的有关报表

对于元器件库,其报表有3种,即Component(元器件报表)、Component Rule Check(元器件规则检查报表)、Library(元器件库报表),它们的扩展名分别为".cmp"、".rep"、".ERR"。

元器件报表主要描述被选定元器件的名称、功能单元个数、引脚个数等信息。

元器件规则检查报表主要是按照设定的规则,检查是否有重复的元件名称、引脚,检查有无封装等信息。

元器件库报表主要描述当前元器件库中元器件的个数等信息。

（1）创建元器件报表。

激活库文件"我的原理图库.SchLib"，选定元器件"555 定时器"。单击"报告"→"元件"菜单项，系统自动生成元器件报表文件"我的原理图库.cmp"，如图 6.14 所示。

（2）创建元器件规则检查报表。

单击"报告"→"元器件规则检查"菜单项，会弹出如图 6.15 所示的"库元件规则检查"对话框，选择不同的检查选项将输出不同的检查报告。

图 6.14　我的原理图库.cmp

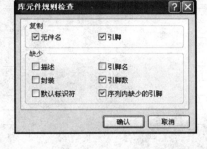

图 6.15　"库元件规则检查"对话框

规则采用默认设置，单击"确认"按钮，生成检查报表文件"我的原理图库.ERR"，如图 6.16 所示。从该文件内容来看，按照设定的规则，没有发现错误。

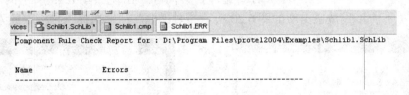

图 6.16　我的原理图库.ERR

（3）创建元器件库报表

单击"报告"→"元件库"菜单项，系统自动生成元器件报表文件"我的原理图库.rep"，如图 6.17 所示，同时伴随生成一个".csv"文件。

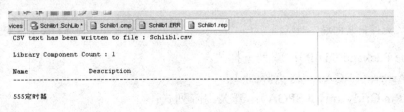

图 6.17　我的原理图库.rep

步骤 3：创建 PCB 封装库

PCB 元件封装的创建与原理图符号模型的创建方法基本相同，但要求 PCB 元件的封装与实际元件完全一致。

（1）单击"文件"→"新建"→"库"→"PCB 库"菜单项就可创建一个 PCB 库的编辑

文件，该文件的默认名称是"Pcblib1.PcbLib"，将其修改为"我的封装库.PcbLib"，按 Page Up 键对工作窗口进行放大，如图 6.18 所示。

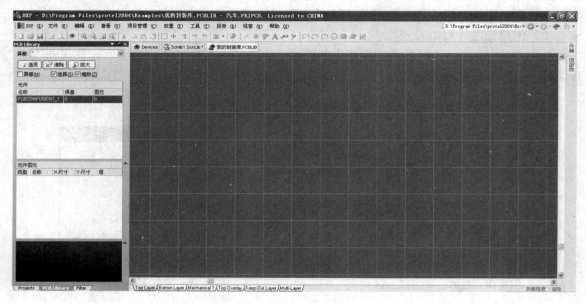

图 6.18 我的封装库.PcbLib

（2）单击"工具"→"新元件"启动元件封装向导，出现如图 6.19 所示的对话框。

（3）单击"下一步"按钮出现如图 6.20 所示的对话框，从中选择一种标准的元件封装形式。

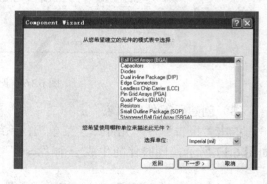

图 6.19 "元件封装向导"对话框　　　　　　　图 6.20 选择封装形式对话框

Qual in-line Package（DIP）：双列直插式；
Ball Grid Arrays（BGA）：格点阵列式；
Staggered Pin Grid Array（SPGA）：开关门阵列式；
Diodes：二极管式；
Capacitors：电容式；
Quad Packs（QUAD）：四芯包装式；
Pin Grid Arrays（PGA）：引脚栅格阵列式；
Leadless Chip Carrier（LCC）：无引线芯片载体式；

Small Outline Package（SOP）：小外形包装式；
Resistors：电阻式；
Staggered Ball Grid Array（SBGA）：格点阵列式；
Edge Connectors：边连接式。

同时，可以在对话框下的选择框中选择度量单位，即 Imperial（mil）（英制）和 Metric（mm）（公制），系统默认为 Imperial（mil）。

本例选择 Qual in-line Package（DIP）形式，使用系统默认的度量单位 Imperial（mil）。

（4）单击"下一步"按钮出现如图 6.21 所示的对话框，进行焊盘尺寸的设置。本例中将孔径设置为 30mil，其余设置为 60mil。

（5）单击"下一步"按钮弹出如图 6.22 所示的对话框，进行焊盘间距的设置。本例将双排焊盘的排距设置为 600mil，同排焊盘的间距设置为 100mil。

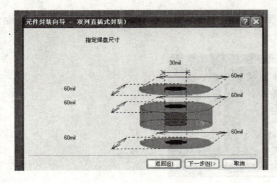

图 6.21　焊盘尺寸的设置

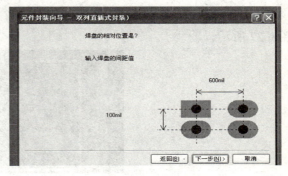

图 6.22　焊盘间距的设置

（6）单击"下一步"按钮系统弹出如图 6.23 所示的对话框，进行元件封装轮廓线粗细设置，方法同焊盘尺寸设置。本例将它设置为 10mil。

（7）单击"下一步"按钮，系统弹出如图 6.24 所示的对话框，进行焊盘数量设置。本例将它设置为 8。

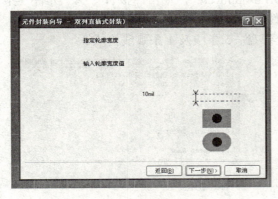

图 6.23　元件封装轮廓线粗细设置

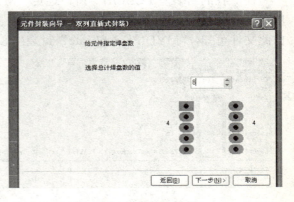

图 6.24　焊盘数量设置

（8）单击"下一步"按钮，系统弹出如图 6.25 所示的对话框，对元件封装命名。在编辑框中输入名字即可，将本封装命名为"MYDIP8"。

（9）单击"Next"按钮，系统弹出如图 6.26 所示的对话框，表示元件封装设置完毕。

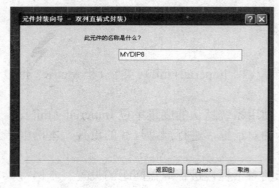 

图 6.25　元件封装命名　　　　　　　　图 6.26　元件封装设置完毕

若所有设置都满意，单击"Finish"按钮，即可完成元件封装的创建。封装好的效果如图 6.27 所示。

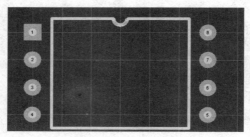

图 6.27　封装好的效果

步骤 4：建立有关元件封装的报表

（1）元件封装信息报表。

元件封装信息报表主要反映构成封装的所有对象类型及其数目。

在"我的封装库.PCBLIB"窗口选定"MYDIP8-duplicate"，单击"报告"→"元件"菜单项，系统会自动生成一个扩展名为".CMP 文件"的封装报表文件，结果如图 6.28 所示。由此文件可知，"MYDIP8-duplicate"封装由 8 个焊盘、5 条线及 1 条弧线构成。

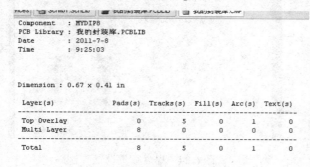

图 6.28　".CMP 文件"的封装报表文件　　　　图 6.29　".REP"的封装库信息报表文件

（2）元件封装库信息报表。

元件封装库信息报表主要的信息是该封装库中元件封装的名称及其数量，可帮用户全面了解封装库的构成情况。

在"我的封装库.PCBLIB"文件中单击"报告"→"库"菜单项，系统会自动产生一个扩展名为".REP"的封装库信息报表文件，结果如图6.29所示。该文件表明，在"我的封装库.PCBLIB"中有一个封装，其封装名为"MYDIP8-duplicate"。

步骤5：创建集成元件库

（1）单击"文件"→"创建"→"项目"→"集成元件库"，生成"Integrated_Library1.LibPkg"，如图6.30所示。

图6.30 Integrated_Library1.LibPkg

图6.31 追加已有文件到项目中弹出的对话框

（2）右键单击，在弹出菜单中选择"追加已有文件到项目中"，弹出如图6.31所示的对话框。

（3）按照（2）的操作方法添加"我的封装库"，如图6.32所示。

图6.32 添加"我的封装库"

（4）双击新添加进来的原理图库文件，并切换到"SCH Library"面板。

（5）在"SCH Library"面板中会列出该元件库中的所有元件符号模型及相关信息，如图6.33所示。

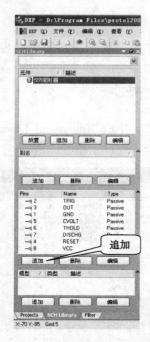

图 6.33 新库

图 6.34 添加的元件模型类型

单击最下面一排的"追加"按钮,弹出一个如图 6.34 所示的对话框,选择要添加的元件模型类型,在这里选择"Footprint"封装模型。

(6)单击"确认"按钮完成元件模型类型的选择,这时将弹出如图 6.35 所示的对话框。

图 6.35 选择添加元件的封装模型

图 6.36 添加后的对话框

(7)单击"浏览"按钮,从弹出的对话框中选择要添加元件的封装模型,添加后的对话框,如图 6.36 所示。

(8)单击"确认"按钮,用户可在"SCH Library"面板最下面的一栏中看到刚才添加的封装模型,如图 6.37 所示。

项目六　信号发生器电路印制电路板的设计

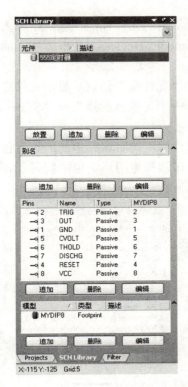

图6.37　添加的封装模型

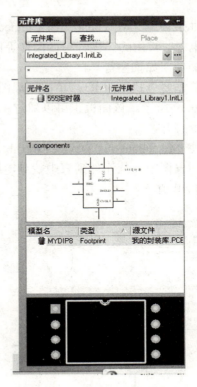

图6.38　编译后的集成库文件

（9）继续添加其他元件的封装模型。完成了所有元件对应模型的添加操作后，单击"项目管理"→"Compile Integrated Library Compile_Integrated Library"菜单项即可对该集成库进行编译。编译后的系统将自动激活"Libraries"面板，用户可以在该面板最上面的下拉列表中看到编译后的集成库文件"我的集成库.IntLib"，并且会看到每个元件名称都对应一个原理图符号和一个PCB封装，如图6.38所示。

这样便完成了一个自用集成元件库的创建。

知识链接：创建元器件库应注意的问题

（1）保证软件自带的元器件库的完整性，用户不要对此随意进行修改或删除，但可参考或复制Protel自带的元器件库。

（2）在自制元器件库时应尽量生成集成元器件库，同时保证元器件符号模型与PCB封装模型之间的对应关系，这样可以方便地使用同步器进行原理图与PCB图之间的更新。

（3）应把自制元器件单独放在一个元器件库中，不要与软件自带的元器件库混合放置。

（4）用户自己在创建元器件库时一定要进行详细的分类，以便自己随时查找。

（5）用户自己创建元器件库时要不断地进行更新，给库添加新的元器件，以使自己的元器件库更加丰富，为以后的快速绘图打下良好的基础。

第五步：做一做

元器件的查找和放置

数以千计的原理图符号包括在Protel DXP中。完成例子所需要的元件已经在默认的安装库中，Protel DXP提供了两个常用的电气元器件杂项库（Miscellaneous Devices.IntLib）和常用的接插件杂项库（Miscellaneous Connector.Intlib），常用的元件都能在这两个库内找到，一般电阻、电容、常用的三极管、二极管等位于 Miscellaneous Devices.IntLib 库中；而后者包含了一些接插件，如插座等。

（1）首先要查找电阻 R1。单击原理图界面右侧的"元件库"标签，显示元件库工作区面板，如图 6.39 所示。该面板也可以通过单击"查看"→"工作区面板"→"System"→"元件库"命令打开。

（2）使 Miscellaneous Devices.IntLib 成为当前元件库，同时该库中的所有元件都显示在其下方的列表框中。从元件列表中找到电阻 Res2，单击选择电阻后，电阻将显示在面板的下方，如图 6.40 所示。

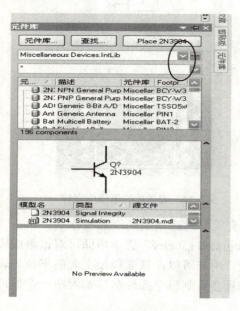 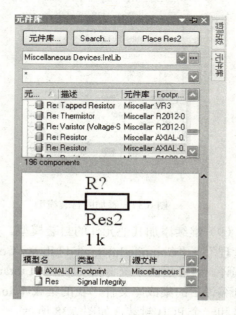

图 6.39 "元件库"面板　　　　　　　　图 6.40 元件列表

（3）双击元件名 Res Resistor 或单击"元件库"面板上方的"Place Res2"按钮，光标变成"十"字形，同时元件 Res2 悬浮在光标上，现在处于元件放置状态。如果移动光标，电阻轮廓也会随之移动。

（4）移动光标到图纸的合适位置，左键单击或按 Enter 键将电阻放下。在放置器件的过程中，如果需要器件旋转方向，可以按空格键进行，每按一次空格键，元件旋转 90°。

如果需要连续放置多个相同的元件，可以在放置完一个元件后单击连续放置，放置完毕后，右键单击或按 Esc 键退出元件放置模式，光标会恢复到标准箭头。

放置了两个电阻后的图纸如图 6.41 所示。

（5）按照以上所述的元件查找和放置方法，分别找到其他元件，并将其放置在图纸上合适的位置。

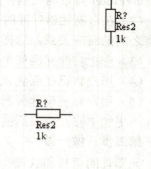

图 6.41 放置了两个电阻的原理图纸

知识链接

(1) 元件的复制：选中需要复制的对象，然后单击"编辑"→"复制"命令。该命令等同于快捷键 **Ctrl+C**。

(2) 元件的粘贴：该操作执行的前提是已经剪切或复制完器件。单击"编辑"→"粘贴"命令，然后将光标移动到图纸上，此时粘贴对象呈现浮动状态并且随光标一起移动，在图纸的合适位置单击，即可将对象粘贴到图纸中。该命令等同于快捷键 **Ctrl+V**。

(3) 元件的清除：选中操作对象后，单击"编辑"→"清除"命令，或者按 **Delete** 键。

从元件浏览器中放置到工作区的元件都是尚未定义标号、标称值和封装形式等属性的，因此必须重新逐个设置元件的参数。元件的属性不仅影响图纸的可读性，还影响到设计的正确性。

第六步：做一做

元件属性编辑

双击元件，屏幕出现如图 6.42 所示的元件属性对话框。

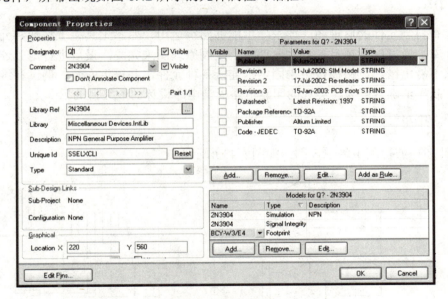

图 6.42 元件属性对话框

其中主要内容如下。

Designator：元件标号，同一个电路中的元件标号不能重复。如果某个元件由多个部件组成（如 74LS00 元件包含 4 个与非门），元件标号若为 U1，则其包含的 4 个与非门的标号分别为 U1A、U1B、U1C、U1D。Designator 文本框右边的 Visible 复选项是设置组件标识在原理图上是否可见。

Comment：元件的类别。

Lib Ref：元件库中的名称，不可修改，它不显示在图纸上。

Library：元件所属库的名称。

Footprint：器件封装形式，它为后面的 PCB 设置了元件的安装空间和焊盘尺寸。通常应该给每个元件都设置封装，而且名字必须正确，否则印制电路板自动布局时会丢失元件。

Parameters for……：元件的描述、元件的标称值，皆可在此修改。

Models for……：元件的模型信息、封装形式。

每个元件一般都要设置好标号、标称值（或型号）和封装形式。设置结束后，用鼠标左键单击"OK"按钮，完成元件属性编辑。

读一读：如何修改元件的属性

绘图过程中，如果需要修改元件编号或元件名称的颜色或改变字体，只要双击要修改的元件名称或编号，即可打开参数属性对话框进行设置。

打开元件属性对话框的另一种方法是，当元件处于浮动状态时，按下 Tab 键。所谓浮动状态，就是用鼠标左键单击器件，鼠标变成十字形时的状态，或是器件处于未放定时的状态。

在器件上单击鼠标右键，在快捷菜单上选择"属性"，也可打开属性对话框。

第七步：做一做

单击"放置"→"导线"命令，参照图 6.1 将各元器件连接起来。

三、任务小结

对于含有自制元件的原理图，要求学生能够熟练运用，熟悉工具栏上按钮和元件库的一些常见元件库，通过创建项目、自制元件库、绘制原理图来完成，最后进行电气连接和网络标号，注意不能出错。电路板是用来固定、连接各种元件，并提供安装、调试和维修的一些数据。因此制作正确、可靠、美观的印制电路板是电路设计的最终目的。

四、训练与巩固

1. 设计超声波检测电路原理图，如图 6.43 所示。

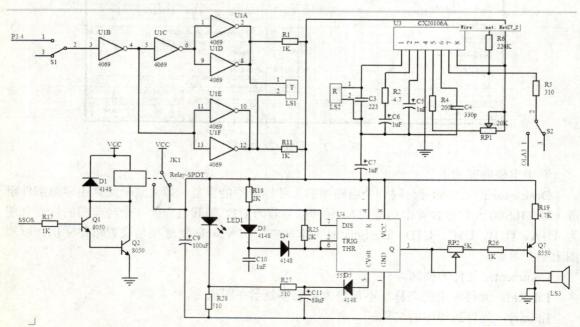

图 6.43　超声波检测电路原理图

2. 按图 6.44 所示的要求自制超声波发射接收元件、555 元件、电位器及 CX20106A 元件。

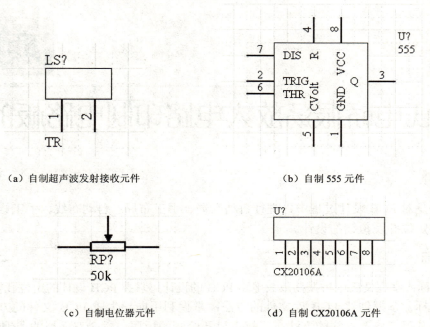

（a）自制超声波发射接收元件　　　（b）自制 555 元件

（c）自制电位器元件　　　（d）自制 CX20106A 元件

图 6.44　自制元件

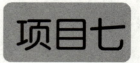

文氏电桥振荡放大电路印制电路板的设计

■ 项目简介

本项目是对 PCB 设计过程中，进行自动布局、手工布局；自动布线、手工修改导线，最后完成安装定位孔及覆铜的设计。

■ 学习目标

技能目标：掌握文氏电桥振荡放大电路 PCB 的设计；掌握 PCB 设计的定位孔及覆铜方法。

知识目标：掌握创建 PCB 库文件的方法；掌握利用向导生成 PCB 文件的方法；掌握手工调整布局及手工修改导线的方法；了解定位孔绘制的板层；学会双面板的覆铜设置。

情感目标：培养学生养成良好细致的制图习惯和严谨的科学态度。

任务一 文氏电桥振荡放大电路 PCB 设计

一、任务描述

通过原理图生成网络表，添加生成 PCB 元件库，掌握用 PCB 向导生成 PCB 文件的方法。

二、任务实施

第一步：做一做

创建 PCB 库文件

（1）在工程名下新建 PCB 库文件，如图 7.1 所示。

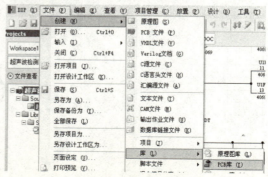

图 7.1 创建 PCB 库文件

（2）把 PCB 库文件保存为"文氏电桥振荡放大电路.PCBLIB"文件，如图 7.2 所示。

图 7.2　保存库文件

（3）自制符合元器件封装的元件库，如图 7.3 和图 7.4 所示。

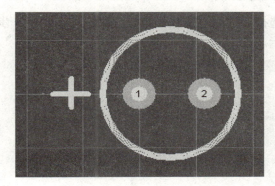

图 7.3　CZ1 封装

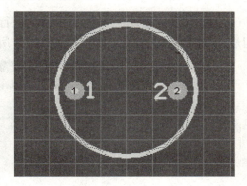

图 7.4　CZ2 封装

第二步：做一做
利用向导创建 PCB 文件

（1）单击底部工作区面板中的"Files"标签，如图 7.5 所示，弹出 Files 控制面板。

（2）在 Files 控制面板底部单击"PCB Board Wizard"选项进入 PCB 向导界面，如图 7.6 所示。

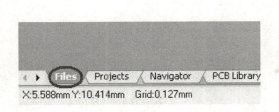

图 7.5　"Files"标签

图 7.6　启动向导模式

（3）在弹出的对话框中，单击"下一步"按钮进行度量单位选择，如图 7.7 所示。

图 7.7　新建电路向导

（4）度量单位设计中有英制和公制进行选择，按照习惯我们选择公制。单击"下一步"按钮进入 PCB 类型选择对话框，如图 7.8 所示。

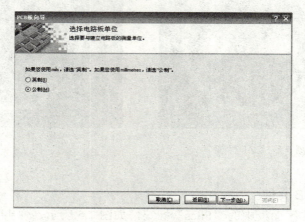

图 7.8　选择度量单位

（5）默认选择"Custom"，单击"下一步"按钮进入电路板详情对话框，如图 7.9 所示。

图 7.9　选择电路板配置文件对话框

（6）根据需要选择电路板形状、尺寸及线宽，如图 7.10 所示。单击"下一步"按钮进入电路板层对话框，如图 7.10 所示。

图 7.10　选择电路板详情

（7）在电路板层对话框中我们选择"信号层"为"2"，"内部电源层"为"0"。单击"下一步"按钮进入选择过孔风格，如图 7.11 所示。

图 7.11　选择电路板层

（8）在选择过孔风格对话框中我们选择"只显示通孔"，单击"下一步"按钮进入选择元件和布线逻辑，如图 7.12 所示。

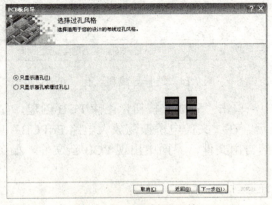

图 7-12　选择过孔风格

（9）在选择元件和布线逻辑中，根据元器件的实际封装，选择"通孔元件"，临近焊盘间导线数选择"一条导线"。单击"下一步"按钮进入导线尺寸和过孔尺寸对话框，如图 7.13 所示。

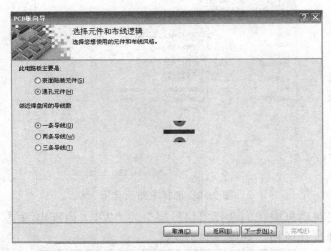

图 7.13 选择元件和布线逻辑

（10）在导线和过孔尺寸对话框中，根据需要按照图 7.14 要求进行设置。单击"下一步"按钮进入完成对话框。

图 7.14 选择导线和过孔尺寸

（11）在完成对话框中，单击"完成"按钮，结束 PCB 创建，如图 7.15 所示。

（12）PCB 向导完成后，在"文氏电桥振荡放大电路.PrjPCB"项目工程名下，显示一个名为"PCB1.PCBDOC"的自由文件，界面中出现 PCB 新文件，如图 7.16 所示。

图 7.15　电路板向导完成

图 7.16　带尺寸的 PCB 新文件

（13）对"PCB1.PCBDOC"文件进行保存，保存文件名为"文氏电桥振荡放大电路.PCBDOC"，最后将该文件用鼠标拖至"文氏电桥振荡放大电路.PRJPCB"项目工程名下，如图 7.17 所示。

图 7.17　在工程项目名下保存文件

第三步：做一做

生成网络表、载入元件及封装

（1）在原理图界面单击"设计"→"设计项目的网络表"→"Protel"，如图7.18所示。此时在 Projects 面板"文氏电桥振荡放大电路.PRJPCB"项目下生成了"文氏电桥振荡放大电路.NET"文件，如图7.19所示。

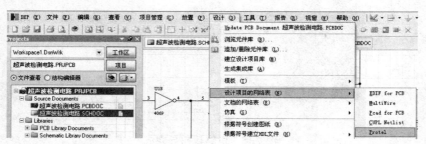

图7.18 生成网络表

图7.19 生成网络表文件

（2）载入元件及封装

在 PCB 编辑器界面选择"设计"→"Import Changes From 文氏电桥振荡放大电路.PRJPCB"，如图7.20所示。

图7.20 设计菜单

界面弹出"工程变化订单（ECO）"对话框，里面列出了元件和网络等信息及其状态，单击"使变化生效"按钮，若所有改变有效，则"检查"状态列出现勾选，说明网络中没有错误；否则在"Messages"面板中将给出原理图中的错误信息，用鼠标双击该信息，可以自动返回原理图，进行修改，如图7.21所示。

单击"执行变化"按钮，所有的元件信息和网络信息就被加载到"文氏电桥振荡放大电路.PCBDOC"文件中，如图7.22所示。

此时在"完成"状态列下也出现勾选，所有内容都变为灰色，如图7.23所示。说明元件信息和网络信息载入完成。

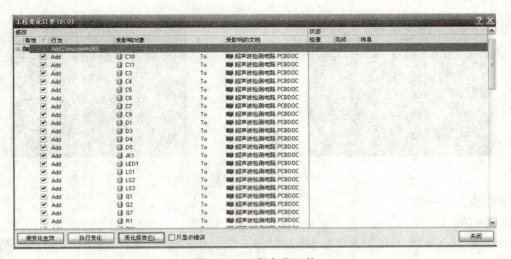

图 7.21 工程变化订单

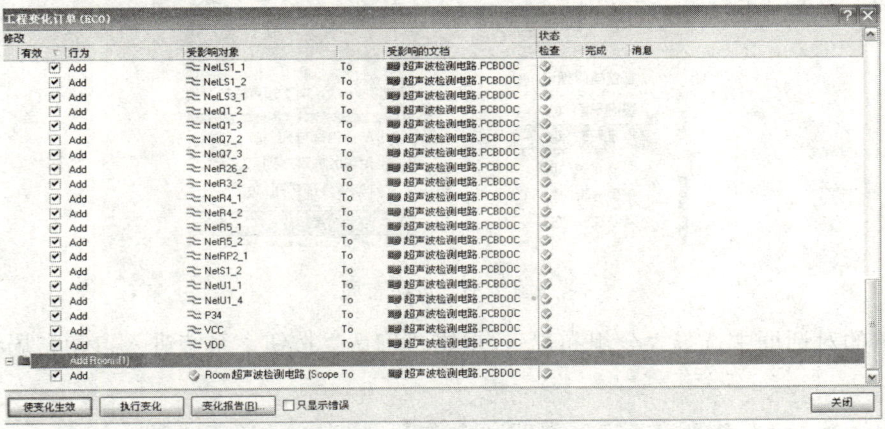

图 7.22 检测通过无错误界面

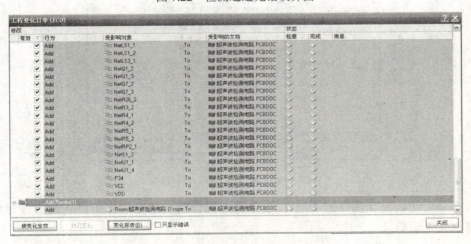

图 7.23 变化生效后的界面

载入完成后所有元件和网络都已经出现在 PCB 的文档中,如图 7.24 所示。

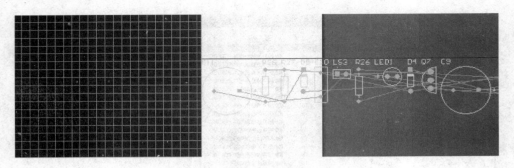

图 7.24 载入完成后的界面

第四步：做一做

元件布局

单击菜单命令"工具"→"放置元件"→"自动布局"，进行元件的布局，如图 7.25 所示。

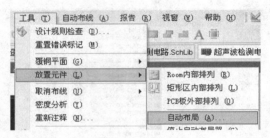

图 7.25 自动布局

在弹出的对话框中选择"分组布局"，单击"确认"按钮，系统进入自动布局状态，如图 7.26 所示。

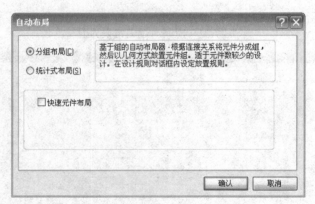

图 7.26 "自动布局"对话框

自动布局后的效果如图 7.27 所示，很明显不符合我们的要求。所以我们必须对自动布局的结果进行人工调整。

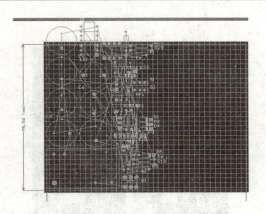

图 7.27　自动布局后的效果

用鼠标拖动元器件进行手工调整，达到符合要求的效果，如图 7.28 所示。

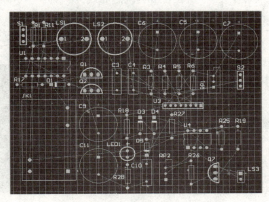

图 7.28　手工调整后的效果

第五步：做一做
自动布线和手工修改导线

执行菜单命令"自动布线"→"全部对象"，即可完成自动布线，如图 7.29 所示。

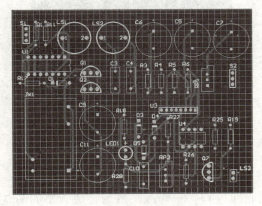

图 7.29　自动布线结果

自动布线虽然速度快、效果好，但也有一些不尽如人意的地方。在图 7.29 中我们挑选了几处有问题的地方，其修改如图 7.30 所示。

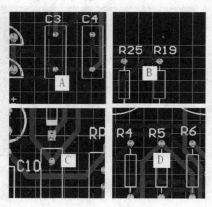

图 7.30　问题布线

单击菜单栏上的"交互式布线"，如图 7.31 所示。

鼠标指针变成"十"字形，停留在导线上时"十"字中间出现一个圈，如图 7.32 所示。

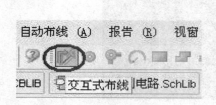

图 7.31　交互式布线

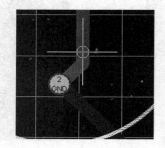

图 7.32　手工修改导线

按照要求把不符合规范的走线修改，修改后如图 7.33 所示。

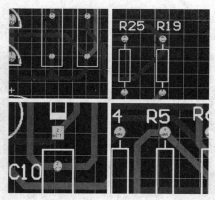

图 7.33　手工修改后的导线

把 PCB 图里有问题的布线进行一一修改，最后完成效果如图 7.34 所示。

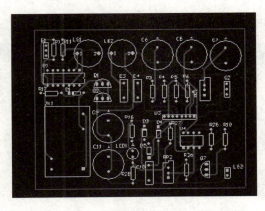

图 7.34 手工修改后的 PCB 布线图

三、任务小结

本任务以完成文氏电桥振荡放大电路板的设计为目标，我们利用 PCB 向导来生成了电路板，在通过手工布局、自动布线、手工修改导线来进一步完善电路板的设计。

任务二 添加安装定位孔和覆铜区

一、任务描述

PCB 设计结束前，我们要对电路板进行放置安装孔，用来固定电路板和覆铜来提高电路板的抗干扰能力。

二、任务实施

第一步：做一做

添加安装定位孔

为了便于安装固定电路板，一般我们要在电路板上添加安装定位孔，其具体步骤如下：

（1）选择机械层。电路板的安装孔、尺寸标注等一般都添加在机械层，这里我们选择"Mechanical 1"，如图 7.35 所示。

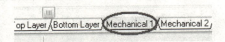

图 7.35 选择机械层

（2）单击菜单"放置"→"圆"命令，如图 7.36 所示。

图 7.36 放置圆

（3）放置好圆后我们双击圆弧进行参数设置，如图 7.37 所示。

图 7.37　圆弧参数设置

（4）在电路板的四个角上分别放上圆，最后在加工生产 PCB 时，工作人员会根据你上面的信息钻孔来做安装定位孔，如图 7.38 所示。

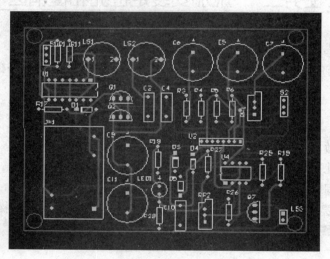

图 7.38　放置定位孔

第二步：做一做

电路板覆铜

在 PCB 设计中，为了提高电路板的抗干扰能力，将电路板的空白区域进行覆铜。一般是将所覆铜为接地，便于更好地抵抗外部信号的干扰。

（1）单击菜单"放置"→"覆铜"命令。启动覆铜命令后弹出对话框，设置如图 7.39 所示。

（2）单击"确认"按钮，光标变成"十"字状，拖动鼠标设置覆铜区域，如图 7.40 所示。选择好覆铜区域后，单击鼠标右键，软件将自动在选择区域添加覆铜，效果如图 7.41 所示。

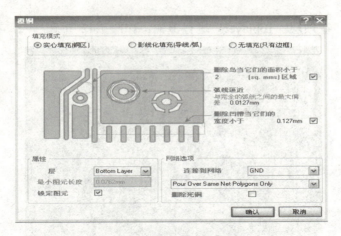

图 7.39　覆铜设置

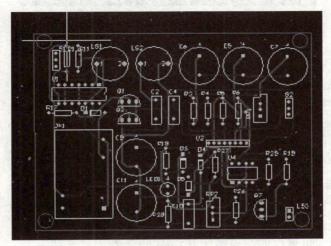

图 7.40　选择覆铜区域

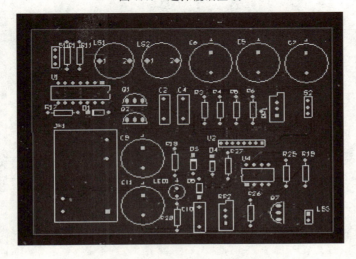

图 7.41　底部覆铜后的效果

用同样的方法，在顶层"Toplayer"进行覆铜，如图7.42所示。

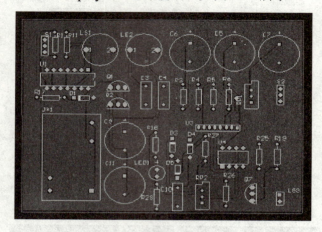

图7.42　顶层覆铜后的效果

三、任务小结

在PCB设计的收尾阶段我们还必须进行覆铜及安装定位孔的工作，并通过本任务来完成。常规覆铜是对地的，敷铜的意义在于，减小地线阻抗，提高抗干扰能力；降低压降，提高电源效率；与地线相连，减小环路面积，这样的话直接将一些电磁干扰给屏蔽掉。放置安装定位孔注意板层，一般用机械层。

训练与巩固

设计如图7.43所示电路图，要求设计成双面电路板。具体要求如下：

（1）在机械层绘制电路板的物理边界，尺寸为不大于：120mm×100mm。
（2）信号线宽0.5mm，电源线宽0.8mm，接地线宽1mm。
（3）双面覆铜，在机械层四个角添加0.3mm的定位孔。

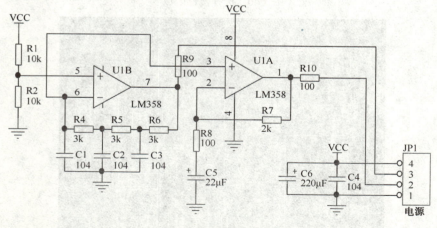

图7.43　上机训练电路原理图

简易频率测量装置电路印制电路板的设计

项目简介

本项目是综合实例,以简易频率测量装置电路为载体,提高印制电路板设计的整体认识。使读者掌握印制电路板设计的全过程,以及进一步熟练掌握 Protel 2004 的使用方法。

学习目标

知识目标:了解电子产品的设计流程;掌握印制电路板设计的全过程;熟练绘制电路原理图;熟练绘制元件和元件封装;熟练设计双面印制电路板。

技能目标:会绘制电路原理图;会绘制元件和元件封装;会设计双面印制电路板。

情感目标:培养学生严谨细致、一丝不苟的工作态度;引导学生提升职业素养,提高职业道德。

知识链接

电路功能和说明

简易频率测量装置电路,如图 8.1 所示。

简易频率测量装置可以实现信号频率测量、信号输出等功能。简易频率测量装置由电源、信号发生、单片机控制部分、显示电路等组成。

(1)555 振荡器和光电耦合放大电路部分。

555 振荡器输出 1.4~1.5kHz 的信号。通过光电耦合 GD 隔离输出方波,通过放大管 Q1 输出方波。按下 K1 键,显示该电路输出信号的频率。

(2)文氏电桥振荡器。

该电路产生 60~100Hz 的信号。按下 K2 键,显示该电路输出信号的频率。

KEY1 位置为上,接 R9(39kΩ),位置为下,接 Rx;KEY2 位置为上,接 R12(39kΩ),位置为下,接 Ry。

(3)带通滤波器和放大电路部分。

该电路实现对文氏电桥振荡器的频率选通和放大。

(4)电源部分。

为电路提供 5V 电源。

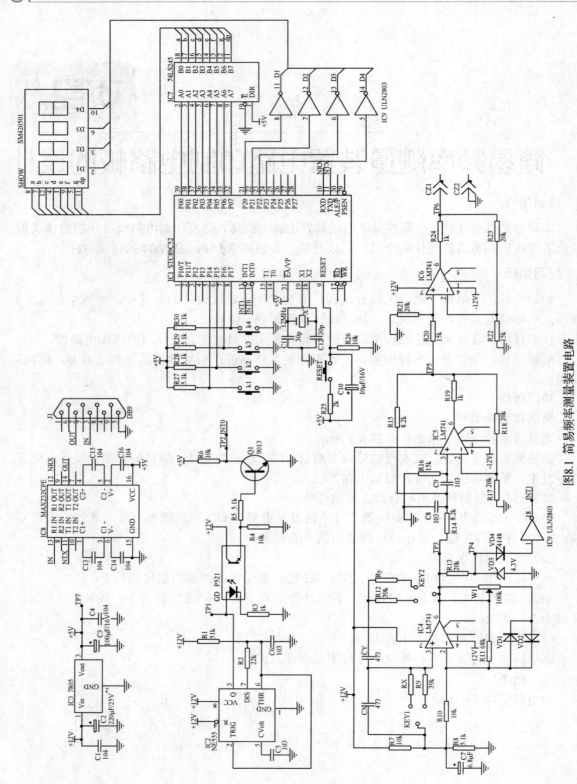

图8.1 简易频率测量装置电路

任务一　　原理图绘制

第一步：新建工程和原理图

（1）单击"开始"→"DXP 2004"，如图 8.2 所示（或者双击桌面 图标），启动 Protel 2004，进入主界面后，新建工程文件，执行"File"→"New"→"PCB Project"命令，如图 8.3 所示。

图 8.2　DXP 2004 启动

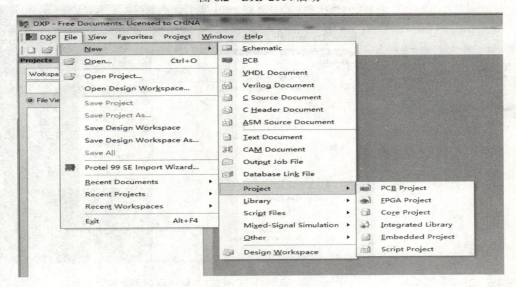

图 8.3　新建工程文件

（2）保存新建的工程文件，执行"File"→"Save Project"命令，如图 8.4 所示。执行上述命令后，将弹出如图 8.5 所示的对话框，按图中所示输入工程文件名"transmiter.Prj"，然后单击"保存"按钮，文件被保存在 ch8 文件内。

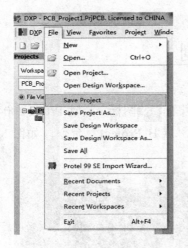
图 8.4 保存工程文件

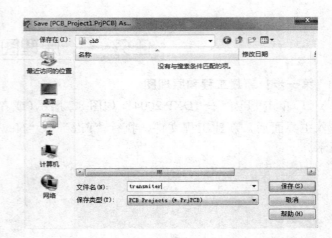
图 8.5 保存工程文件对话框

(3) 新建原理图文件，在主界面左面工程管理器（如图 8.6 所示）中 tansmiter.Prj 处单击鼠标右键，选择"transmiter.Prj"→"Add New To Project"→"Schematic"命令，如图 8.7 所示。

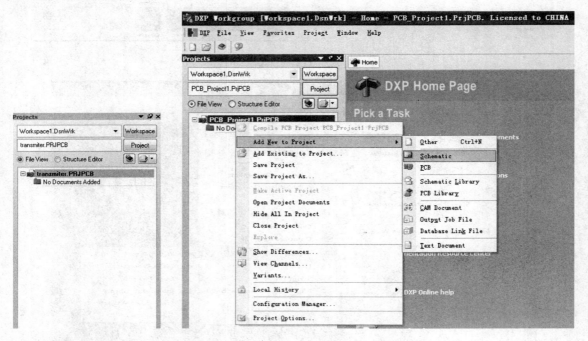

图 8.6 工程管理器　　　　　　图 8.7 新建原理图文件

(4) 保存新建的原理图文件，执行"File"→"Save"菜单命令。原理图文件命名为 tansmiter.SchDoc，如图 8.8 所示。

图 8.8 原理图文件保存

第二步:加载元件库

加载元件库 Miscellaneous Devices.IntLib,如图 8.9 所示。

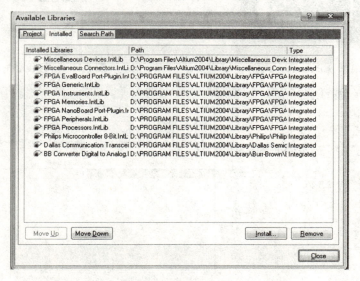

图 8.9 加载元件库

第三步:放置元件

简易频率测量装置电路印制电路中主要的元件有电阻、电容、二极管、电感、三极管、运放和单片机等,这些元件大部分存放在 Miscellaneous Devices.IntLib 库中。下面以电阻为例,介绍元件的放置和元件参数的修改。

在如图 8.10 所示的 Libraries 面板中,"*"后面输入 res2,单击 Place Res2 按钮,即可将电阻元件从库中取出,如图 8.11 所示。此时按下键盘上的 Tab 键,系统将弹出如图 8.12 所示的电阻元件属性对话框,按照原理图的要求设置元件属性。

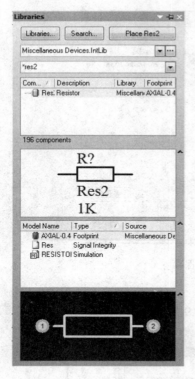

图 8.10 Libraries 面板　　　　图 8.11 电阻元件

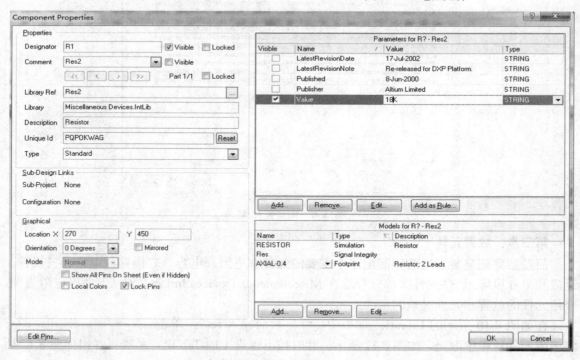

图 8.12 电阻元件属性对话框

基本元件的标识如下。

电阻：Res2；电容：Cap；电感：Inductor；二极管：Diode；三极管：NPN 或 PNP；变压器：Trans。其他元件的放置过程这里不再叙述。

第四步：元器件更改

我们可以发现，原理图中有很多元器件需要引脚更改，下面以 89c51 为例介绍元器件的更改。

在如图 8.13 所示的 Libraries Search 对话框中，单击 Search... 按钮。输入 89c51，Scope（元件库范围）选择 ⊙ Libraries on path 后单击"Search"按钮，出现如图 8.14 所示 89c51。双击 89c51 系统弹出如图 8.15 所示的元件属性对话框，单击 Edit Pins... 按钮对引脚进行更改。完成修改后的效果如图 8.16 所示。

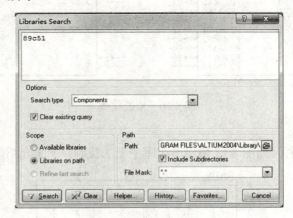

图 8.13 元器件查找

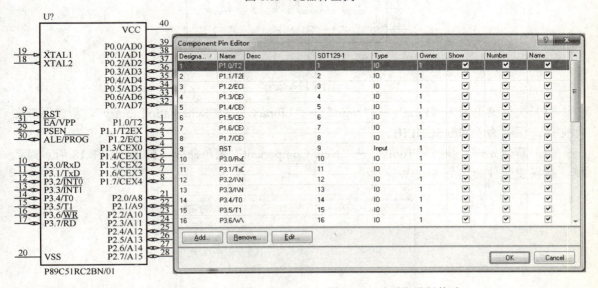

图 8.14　89c51　　　　　　　　　图 8.15 对引脚进行修改

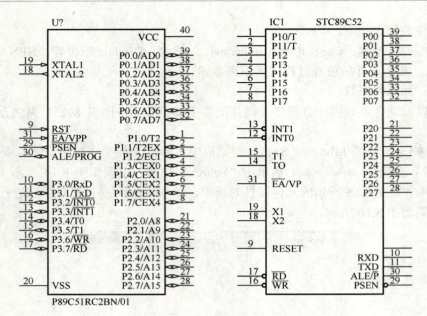

图 8.16 修改完成

第五步：制作元件

原理图中有一个元件（如图 8.17 所示）在库中无法找到，下面介绍四位数码管的制作过程。

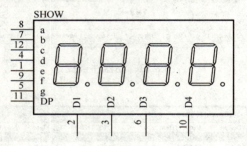

图 8.17 元件

（1）执行菜单命令"Fine"→"New"→"Library"→"Schematic Library"，新建原理图库文件，保存为 Mylib.SCHLIB。

（2）新建元件，执行"Tools"→"New Component"菜单命令，弹出如图 8.18 所示对话框。将新建元件命名为 SHOW。

图 8.18 新建元件对话框

（3）在元件库编辑环境中，单击如图8.19所示绘图工具栏 ▢ 按钮，执行绘制矩形命令。

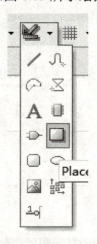

图8.19　绘图工具栏

（4）执行绘制矩形命令后，在工作区中将出现一个随着十字光栅移动的矩形，将光栅移动至坐标原点处（坐标X:0，Y:0），单击鼠标左键将原点设为矩形的左上角，再将鼠标移动到坐标（50，90）处，单击鼠标左键确定矩形右下角，如图8.20所示。

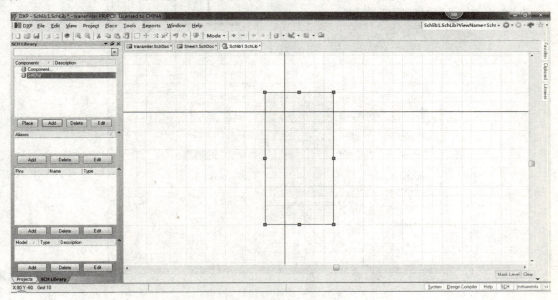

图8.20　绘制矩形

（5）放置元件引脚，执行菜单命令"Place"→"Pin"，如图8.21所示，执行命令后，在工作区中将出现一个随着鼠标光栅移动的引脚，如图8.22所示。

按下键盘上的Tab键，弹出元件引脚属性对话框，按如图8.23所示设置元件属性，然后按顺序放置引脚，就可以得到如图8.17所示的元件。放置引脚时应当注意引脚的方向。

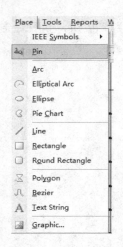

图 8.21　放置引脚命令

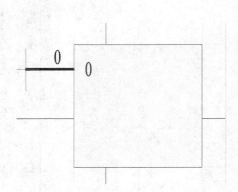

图 8.22　放置引脚

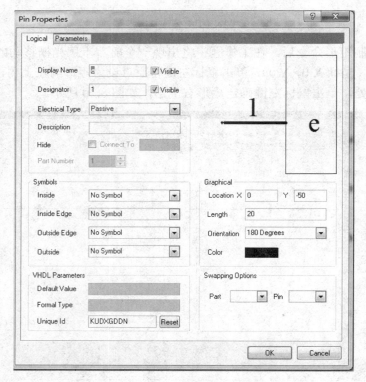

图 8.23　元件引脚属性对话框

第六步：元件布局和连接导线

一幅好的电路原理图应该布局合理、连线清晰、模块分明，所以在绘制原理图的过程中，元件布局和连接导线是非常重要的环节。

在对元件进行整体布局时，首先，必须从大体上将电路中的核心元件摆放好，放置好核心元件后，针对各个核心元件逐个添加其周边的小元件，接着将这些小元件与核心元件的位置进行调整，调整好后再进行连线。

简易频率测量装置电路如图 8.24 所示。此电路已经连线完成。

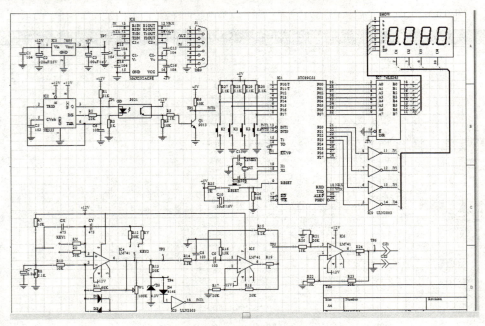

图 8.24　简易频率测量装置电路

第七步：生成报表

完成原理图设计操作后，下面就可以生成原理图相关报表文件了。

（1）执行菜单命令"Project"→"Compile Document transmitter.SchDoc"，对工程进行编译操作。编译结束后，在 Messages 窗口中进行查看工程的错误信息，根据 Messages 窗口中的错误信息对原理图进行修改，如图 8.25 所示。

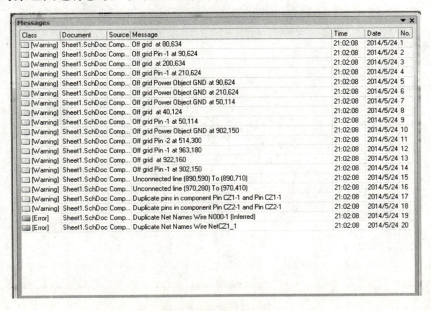

图 8.25　Messages 窗口

（2）执行菜单命令"Reports"→"Bill of Materals"，生成元件清单报表。元件清单报表如图 8.26 所示。

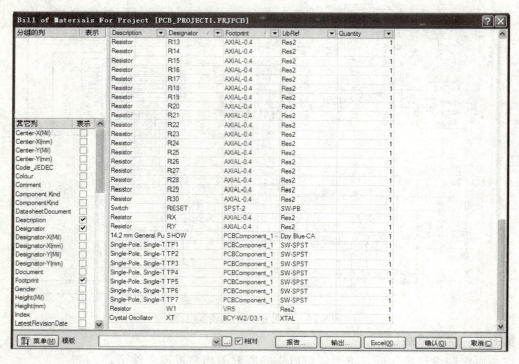

图 8.26　元件清单报表

（3）执行"Design"→"Netlists For Project"→"Project"命令，软件将在该工程文件下生成一个与该工程文件同名的网络表文件。打开网络表文件，如图 8.27 所示。

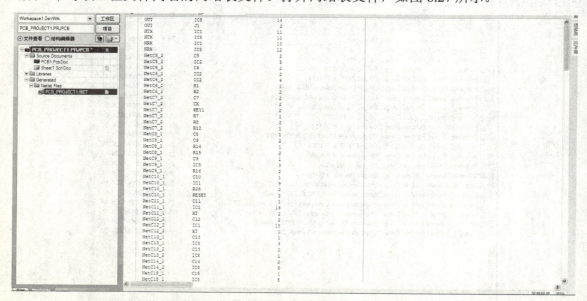

图 8.27　网络表文件

在网络表文件中可以很方便地查看该原理图中的元件类型、序号、封装形式及各元件之间的连接关系，并可以对其中的连线进行修改。

任务二　PCB 电路板的设计与制作

下面我们根据前面设计好的原理图进行 PCB 电路板的设计与制作。

第一步：PCB 板向导设计电路板

在设计 PCB 板之前，首先需要对 PCB 向导进行设置，下面就进行电路板的向导操作。根据元件的数量和体积，可以大约估算电路板的面积，确定电路板的长、高尺寸。

从左侧导航栏中单击"PCB Board Wizard"如图 8.28 所示，弹出如图 8.29 所示对话框，按提示进行相关参数设置，生成的 PCB 如图 8.30 所示，并保存。

图 8.28　PCB Board Wizard

图 8.29　PCB 向导

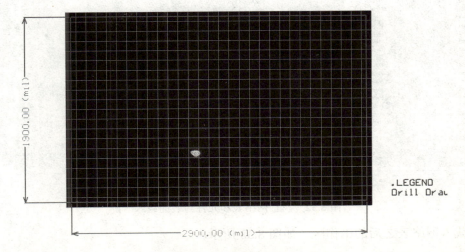

图 8.30　生成的 PCB

第二步：原理图载入

电路板规划完成后，就需要将原理图中的元件封装和网络载入到 PCB 编辑器中，进行电路板的设计。

（1）执行菜单命令"Design"→"Import Changes From transmitter.PRJPcb"，载入网络表和元件封装，弹出如图 8.31 所示对话框。

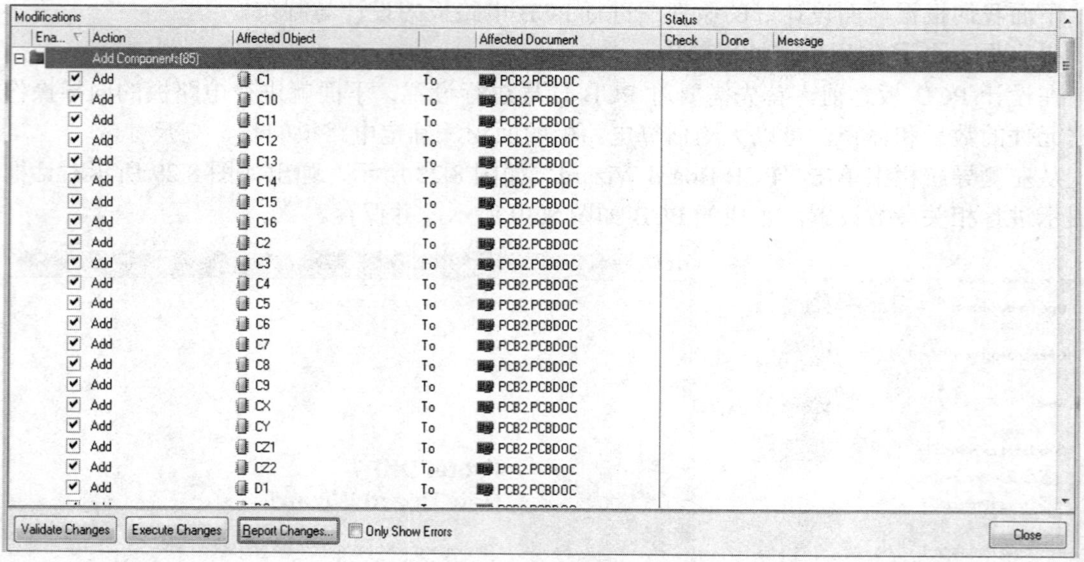

图 8.31 网络表载入对话框

（2）在对话框中单击"Validate Changes"按钮，确定元件的载入，并检查载入过程中是否有元件封装或网络存在错误，确定无误后，单击"Execute Changes"按钮，执行网络表和元件封装的载入，如图 8.32 所示。

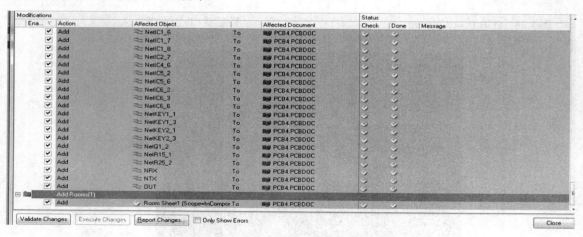

图 8.32 执行网络表和元件封装的载入

（3）载入网络表之后的工作区，如图 8.33 所示。

项目八 简易频率测量装置电路印制电路板的设计

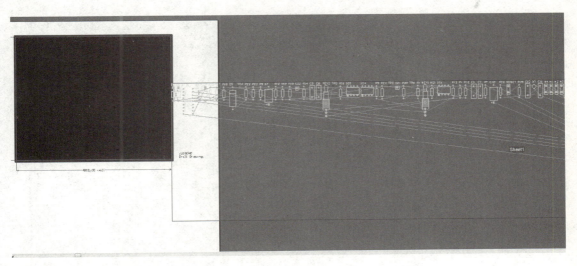

图 8.33 载入网络表和元件后的工作区

第三步：元件布局

下面进行元件的手工布局。根据原理图中各元件的关系，对元器件布局，如图 8.34 所示。

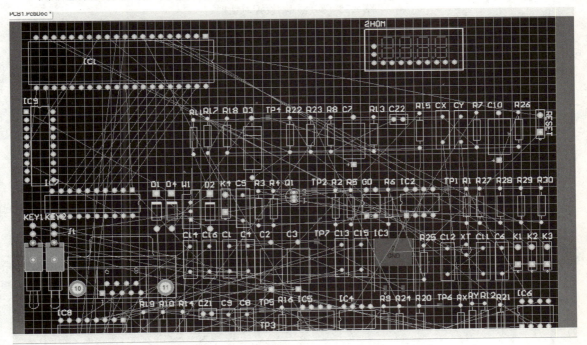

图 8.34 元件布局

第四步：布线规则设置布线

（1）在 PCB 编辑器中，执行菜单命令"Design"→"Rules"，软件将弹出如图 8.35 所示的布线规则设置对话框。

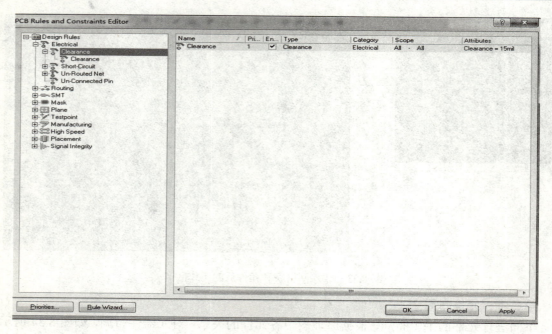

图 8.35 布线规则设置对话框

（2）设置安全间距，打开 Electrical（电气特性设置）中的 Clearance（安全间距设置）子项，如图 8.36 所示，将安全间距设置为 15mil。

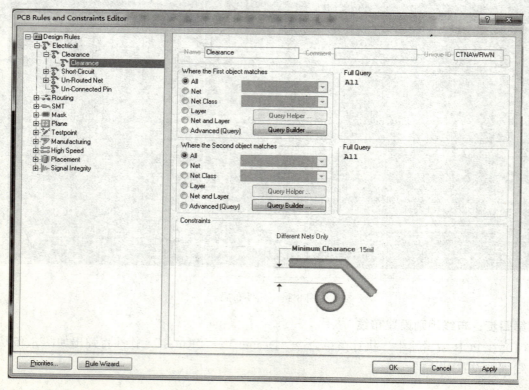

图 8.36 安全间距设置

（3）同样的，打开 Routing（布线规则设置）中的 Width（布线宽度设置）子项，将 Min Width 设置为 15mil，Preferred Width 设置为 15mil，如图 8.37 所示。

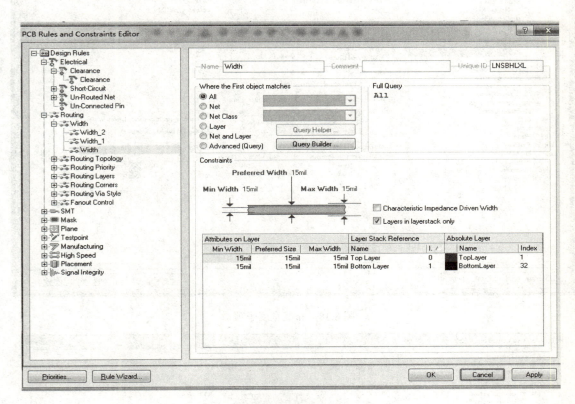

图 8.37　线宽设置

（4）在 Width 子项上单击鼠标右键，选择弹出菜单中的 New Rule 命令，添加新的布线宽度子项。

① 打开此子项，将子项名称 Name 设置为 GND，选择 Net 选项，并在其右边的下拉列表中选择 GND，将 Preferred Width 设置为 20mil，如图 8.38 所示。

其他规则设置这里不再做介绍。

② 打开此子项，将子项名称 Name 设置为 VCC，选择 Net 选项，并在其右边的下拉列表中选择 VCC，将 Preferred Width 设置为 20mil，如图 8.39 所示。

其他规则设置这里不再做介绍。

第五步：自动布线

执行菜单命令"Auto Route"→"ALL"，弹出如图 8.40 所示对话框，单击"Route All"按钮，开始自动布线。

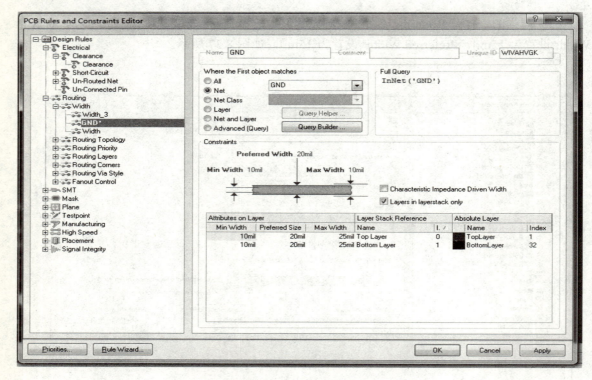

图 8.38 布线宽度子项

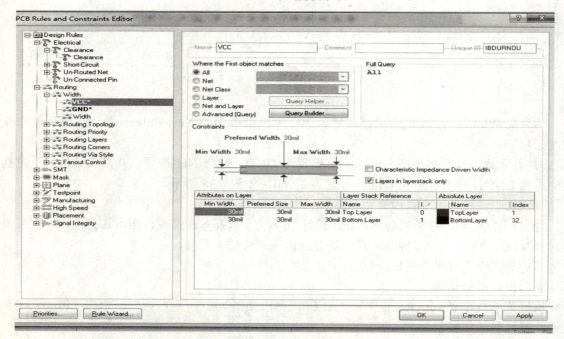

图 8.39 布线宽度子项

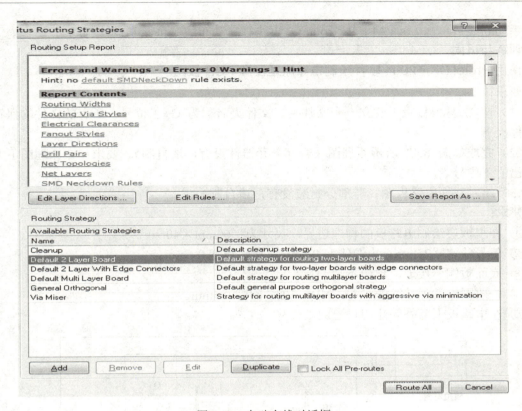

图 8.40　自动布线对话框

执行完自动布线后,接下来对其布线结果进行手工调整,调整后的 PCB 电路板如图 8.41 所示。

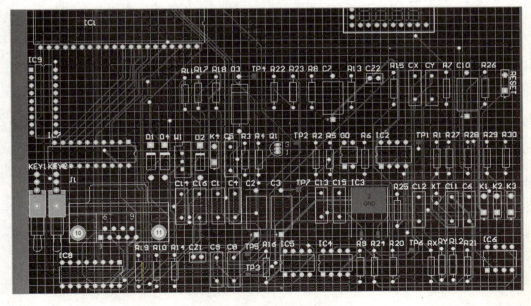

图 8.41　PCB 板布线结果

手动布线后单击 Lock ALL Pre-routes，再执行自动布线，至此本设计完成。

训练与巩固

使用 Protel DXP 2004 软件绘制电路原理图和 PCB 板图

要求：

（1）在 D 盘根目录下建立一个文件夹。文件夹名称为 G+工位号。所有的文件均保存在该文件夹下。

（2）完成如图 8.42 所示原理图（若部分元器件没有，请自制）。要求：在原理图下方注明自己的工位号。

（3）绘制双面电路板图（若部分封装没有，请自制）。

要求：

① 在机械层绘制电路板的物理边界，尺寸为：60mm×40mm。
② 信号线宽 0.25mm，电源线宽 0.5mm，接地线宽 0.6mm。
③ 底面敷铜，接地，顶层不敷铜。
④ 一般网络间隙 0.3mm，与 GND、VCC 间隙 0.5mm。
⑤ 在电路板上部外侧注明自己的工位号。

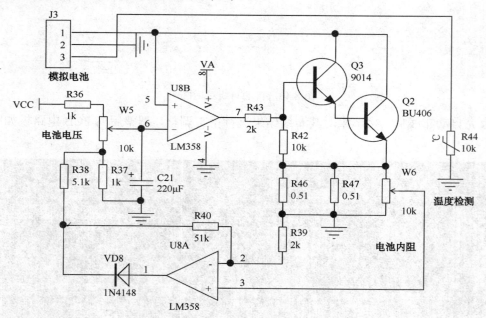

图 8.42　电路设计附图

项目九

共射极分压式偏置放大电路仿真

■ 项目简介

要制作一件电子产品，需要经过原理图的绘制、PCB 图的生成、PCB 板的制作、电子产品的制造等步骤。但只有在电子产品制造好以后才能对电路性能和指标进行测试，这样工作时间长，工作量大。而 Protel 2004 软件具有电路的仿真功能，可以模拟出实际电路的基本工作过程，利用软件自带的虚拟仪器仪表对电路工作时的各种参数（如电流、电压、功率、频率）进行测试，本项目通过对共射极放大电路的仿真来学习如何使用 Protel 2004 提供的仿真功能，为了更好地掌握电路仿真的方法，我们将本项目分为四个任务来完成。

■ 学习目标

知识目标：了解 Protel 2004 仿真的特点、功能，了解电路仿真方式的基本知识，掌握原理图绘制和元件仿真属性设置，掌握仿真激励源设置的方法，掌握电路仿真的基本步骤与方法。

技能目标：学会画原理图，学会添加仿真元件激励源库，学会设置常用仿真元器件的参数，学会查找和放置仿真激励源，学会设置常用仿真激励源的参数，学会放置修改节点网络标号，学会选择电路仿真的方式和设置仿真参数，能熟练地对电路进行工作点分析仿真和瞬态分析仿真。

情感目标：养成认真细致、实事求是、积极探索的科学态度和工作作风，形成理论联系实际、自主学习和探索创新的良好习惯，引导学生提升职业素养，提高职业道德。

■ 相关知识

Protel 2004 具有强大的仿真功能，可以对所绘制的模拟电路、数字电路及数模混合电路进行仿真。在电路设计时都可以仿真查看和分析电路的性能，及时发现设计中存在的问题，并加以修正。执行仿真时只需简单地从仿真元器件库中放置所需的元器件，连接好原理图，加上激励源，然后单击仿真按钮即可自动开始。作为一个真正的混合信号仿真器，Protel 2004 集成了连续的模拟信号和离散的数字信号，可以同时观察复杂的模拟信号和数字信号波形，以及得到电路性能的全部波形。仿真可以很容易地从综合菜单、对话框和工具条中方便地设置和运行。也可以在设计管理器环境中直接调用和编辑各种仿真文件，这给予了设计者更多的仿真控制手段和灵活性。

1. Protel 2004 仿真的特点

（1）编辑环境简单。

与原理图编辑环境相比，仿真电路的编辑器基本上没有改变，唯一的区别在于用于仿真电路的所有元器件必须具备仿真属性。

（2）丰富的仿真元器件。

Protel 2004 与 Protel 99 不一样，它除了仿真激励源和电源外，不提供仿真元器件的专门的库文件。所有的元器件和一般绘制电路原理图中的元器件一样，只需将 Simulation 属性选中即可作为仿真元器件。这样，在 Protel 2004 中，可以用于仿真的元器件达 5800 多种，可以对模拟、数字和模数混合电路进行仿真。

（3）提供多种仿真方式。

Protel 2004 提供了多种仿真手段，不同的仿真手段从不同的角度对电路的各种电气特性进行仿真，设计者可以根据具体电路的实际需要确定合适的仿真手段。

（4）仿真结果直观。

Protel 2004 仿真电路的输出结果以图像的方式输出，当输出多个节点的信号时，就如同使用多个示波器同时观测电路中的不同测试点。

2. Protel 2004 仿真的功能

（1）工作点分析。

工作点分析即静态工作点分析，分析电路中各部分和元件的直流偏置电压及电流。在进行瞬态分析和交流小信号分析时，系统自动进行工作点分析。

（2）瞬态分析。

在指定时间内输出关于时间的电流或电压变量，如同使用示波器可观察信号的波形。

（3）交流小信号分析。

用来分析电路的频率响应特性，当输入信号频率变化时输出信号的变化情况。

（4）直流扫描分析。

改变输入信号源的电压，进行静态工作点分析，每变化一次执行一次工作点分析。

（5）传递函数分析。

传递函数分析（Transfer Function Analysis）用来计算直流输入阻抗、输出阻抗以及直流增益。

（6）噪声分析。

估算电阻和半导体元件产生的噪声。

（7）温度扫描分析。

温度扫描分析（Temperature Sweep Analysis）是和交流小信号分析、直流分析及瞬态特性分析中的一种或几种相连的，该设置规定了在什么温度下进行仿真。如设计者给了几个温度，则对每个温度都要做一遍所有的分析。

（8）参数扫描分析。

参数扫描分析（Parameter Sweep Analysis）允许设计者以自定义的增幅扫描元件的值。扫描参数分析可以改变基本的元件和模式，但并不改变子电路的数据。

（9）蒙特卡洛分析。

蒙特卡罗分析（Monte Carlo Analysis）是使用随机数发生器按元件值的概率分布来选择

元件，然后对电路进行模拟分析。蒙特卡罗分析可在元件模型参数赋给的容差范围内，进行各种复杂的分析，包括直流分析、交流及瞬态特性分析。这些分析结果可以用来预测电路生产时的成品率及成本等。

3. Protel 2004 仿真的基本步骤

（1）绘制仿真原理图。

在原理图编辑环境下绘制仿真电路原理图，基本画法与普通原理图基本相同，但电路图中所有元件都要有仿真属性（Simulation）。

（2）设置仿真元件参数。

对原理图中的元件属性进行参数设置，设置的参数要合理，否则影响电路仿真的输出波形。

（3）设置仿真激励源。

在电路中要有信号源输入电路，所以要放置合适的仿真激励源（如正弦波信号源、直流电压源等）。

（4）放置节点网络标号。

在需要观察信号波形的节点上放置网络标号。

（5）设置仿真的方式及参数。

用户根据具体的仿真目的来选择不同的仿真方式，并设置好仿真参数。

（6）运行仿真。

设置完仿真的方式及参数后就可以启动仿真的程序，发现错误后及时更正，直到正确为止。

（7）仿真结果的分析和处理。

仿真程序运行后，如对仿真的结果不满意还可以重新设置参数再进行仿真，直到得到满意的结果为止。

为了更好地学会使用 Protel 2004 的仿真功能，下面我们对共射极分压式偏置放大电路进行实际的仿真操作。

任务一　绘制仿真原理图

一、任务描述

电路仿真的第一步就是绘制仿真原理图，并对图中的元件进行仿真参数的设置。特别要注意的是 Protel 2004 不提供专门的仿真元件库，而是为原理图中的元件添加了一个（Simulation）属性，这些元件分布在各个元件库中。

二、任务实施

第一步：做一做

原理图的绘制

（1）打开 Protel 2004 软件，新建项目文件 GSJ.PRJPCB 并保存。

（2）在项目中新建一个原理图文件 GSJ.SCHDOC 并保存，如图 9.1 所示。

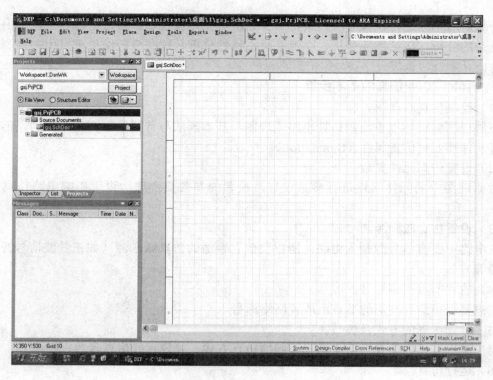

图9.1 新建原理图文件

(3) 加载仿真电路的元件库。

在原理图编辑窗口下,执行菜单"Design"→"Add/Remove Library"命令,弹出如图 9.2 所示对话框。

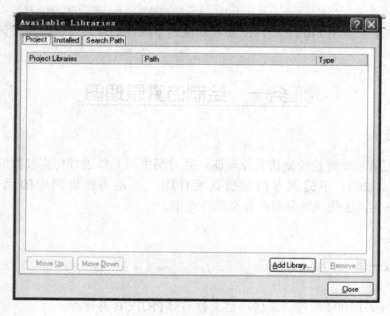

图9.2 加载仿真电路的元件库

单击"Add Library"按钮,在 Protel 2004 的软件目录中找到两个元件库:分立元件库(Miscellaneous Devices.Intlib)和仿真信号源元件库(Simulation Sources. Intlib),如图 9.3 所示,然后单击"Close"按钮完成对仿真电路元件库的添加。

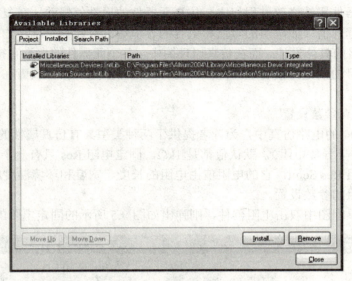

图 9.3　仿真电路元件库的添加

(4)原理图的绘制。

按照前面原理图绘制方法进行共射极分压式偏置放大电路的编辑,我们用到的元件有电阻 Res2、电容 Cap、三极管 NPN、电源 VCC、接地⊥等。

共射极分压式偏置放大电路如图 9.4 所示。

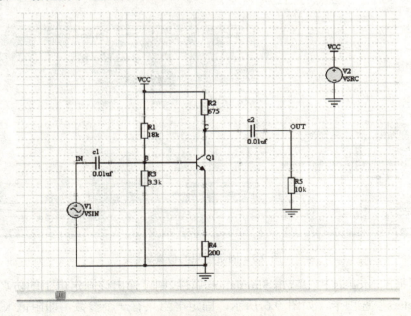

图 9.4　共射极分压式偏置放大电路

第二步：读一读

设置仿真元器件参数

完成原理图的编辑后，需要对原理图中的仿真元器件的属性参数进行设置。同一般的原理图图纸中的元器件属性修改过程相比，仿真元器件的属性值修改比较复杂。在一般的原理图中，元器件的标称值（如电阻的阻值和电容的容值等）只起一个标注作用，方便原理图的阅读，不影响电路的具体设计。而在仿真原理图中，各个元器件的参数直接影响着仿真结果，而且电路仿真的目的就是为读者选择元器件的合适电路参数，所以读者在设置参数时一定要注意。

1. 电阻的仿真参数设置

在 Protel 2004 的电路仿真中，为读者提供了两种类型具有仿真属性的电阻 Res（固定电阻）和 Res Sim（半导体电阻），默认值都是 1kΩ。固定电阻 Res 只有一个仿真参数，即电阻值，而半导体电阻 Res Semi，它的电阻值由电阻的长度、宽度和环境温度所决定。

（1）固定电阻的参数设置。

在电路仿真原理图中双击电阻器件，则弹出如图 9.5 所示的固定电阻的属性编辑对话框。

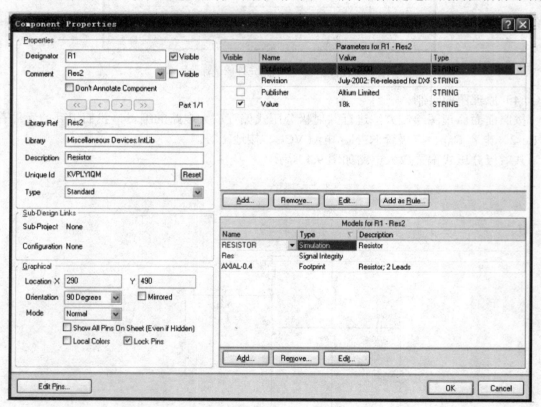

图 9.5　固定电阻的仿真属性

在该对话框的 Models 栏中双击 Simulation 属性，则可弹出该固定电阻的仿真属性编辑框，选择"Parameters"选项卡，如图 9.6 所示，固定电阻只有一个参数，即阻值（Value），可以在此对话框中输入固定电阻的阻值，单击"OK"按钮即可。

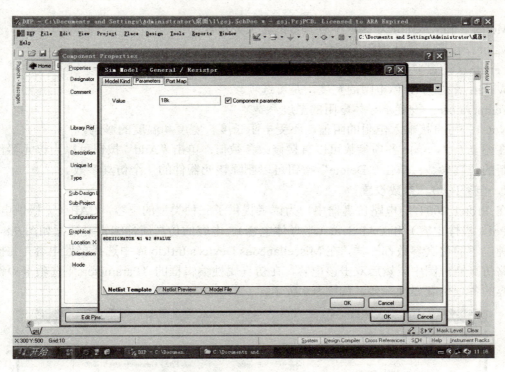

图 9.6 固定电阻仿真属性对话框的"Parameters"选项卡

(2)半导体电阻的参数设置。

在该对话框的 Models 栏中双击 Simulation 属性,则可弹出该半导体电阻的仿真属性编辑框,选择"Parameters"选项卡,如图 9.7 所示,可以在此对话框中设置半导体电阻的各项仿真属性参数。

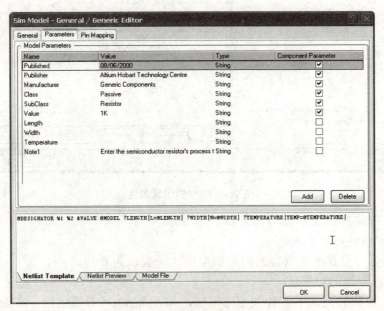

图 9.7 半导体电阻仿真属性对话框的"Parameters"选项卡

Model Parameters 选项区域中各参数的含义如下。

Value：设置半导体电阻的阻值。

Length：设置半导体电阻的长度，是可选项。

Width：设置半导体电阻的宽度，是可选项。

Temperature：设置半导体电阻的温度系数。

Note1：可直接输入电阻的阻值，不受电阻长度、宽度和温度的影响。

在图 9.7 中，单击各项参数可以直接修改参数值；单击"Add"按钮可以为该元器件添加一个新的仿真参数；单击"Delete"按钮可以删除该元器件的一个仿真参数。

2．电容的仿真参数设置

在 Protel 2004 的电路仿真器中，为读者提供了三种类型的电容，CAP（无极性电容）、CAP Pol（极性电容）和 CAP Sem（半导体电容）。电容的仿真属性编辑对话框如图 9.8 所示。前两种电容的仿真参数都一样，在 Miscellaneous Devices.IntLib 库中选择极性电容，并把它放到电路仿真原理图中，然后双击该电容，在仿真属性编辑框的"Parameters"选项卡中设置极性电容的各项仿真属性参数，如图 9.9 所示。

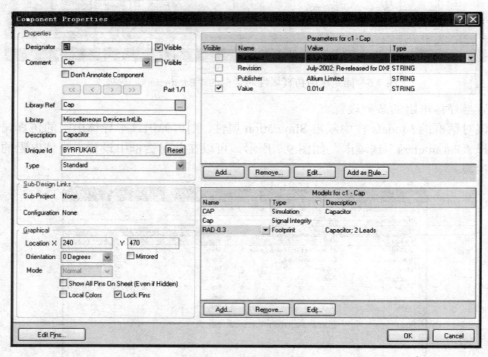

图 9.8　电容的仿真属性

图 9.9 的各项仿真属性参数的含义如下。

Value：设置极性电容的电容值。

Initial Voltage：设置极性电容的初始端电压（一般设为 0V）。

3．电感仿真参数的设置

Protel 2004 为我们提供了多种类型的电感，如 Inductor（普通电感）和 Inductor Iron（带铁芯的电感）等。它们的仿真参数都一样，在 Miscellaneous Devices.IntLib 库中选择 Inductor

项，并把它放置在电路仿真原理图中，然后双击该电感，仿真属性编辑框的"Parameters"选项卡，如图 9.10 所示。

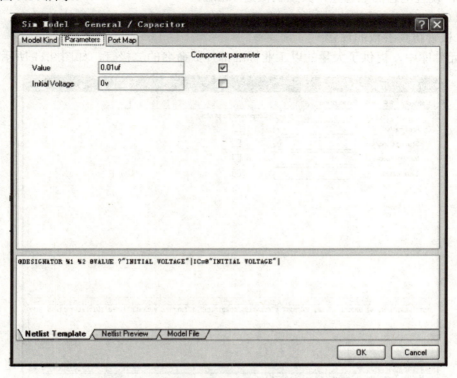

图 9.9 电容仿真属性对话框的"Parameters"选项卡

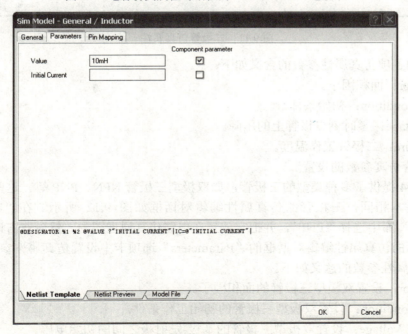

图 9.10 电感仿真属性编辑框的"Parameters"选项卡

图9.10的各项仿真属性参数的含义如下。

Value：设置电感的电感量，其默认值是10mH。

Initial Current：电感初始时刻的电流值。

4．二极管仿真参数的设置

仿真元件库中，提供了大量的以工业标准部件数命名的二极管，如图9.11所示。

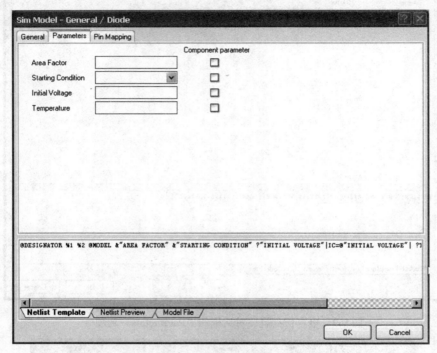

图9.11　二极管仿真属性

图9.11的各项仿真属性参数的含义如下。

Area Factor：面积因子。

Starting Condition：初始条件。

Initial Voltage：零时刻二极管上的压降。

Temperature：二极管工作温度。

5．三极管仿真参数的设置

Protel 2004提供了多种类型的三极管，如双极型三极管NPN、PNP等。这些元器件的仿真属性参数基本相同，三极管的仿真属性编辑对话框如图9.12所示。在"Miscellaneous Devices.IntLib"库中选择"PNP"，并把它放置在电路仿真原理图中，然后双击该三极管，在如图9.13所示的仿真属性编辑对话框的"Parameters"选项卡中设置仿真属性参数。

各项仿真属性参数的意义如下。

Area Factor：设置双极型三极管的面积因子。

Starting Condition：设置双极型三极管的初始工作条件。

Initial B-E Voltage：设置双极型三极管的基极-发射极之间的初始电压。

Initial C-E Voltage：设置双极型三极管的集电极-发射极之间的初始电压。

Temperature：设置双极型三极管的温度系数。

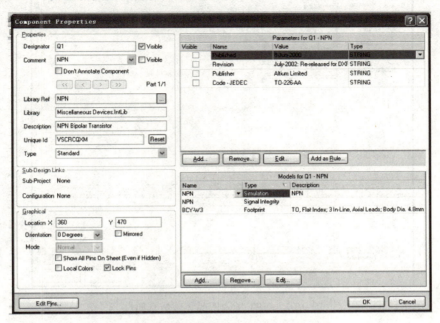

图 9.12　三极管的仿真属性

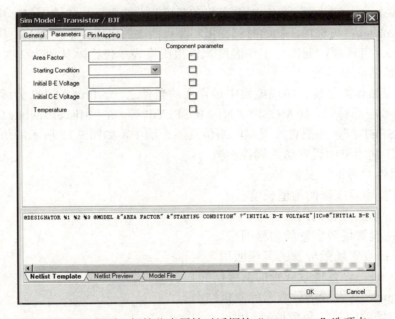

图 9.13　双极型三极管仿真属性对话框的"Parameters"选项卡

6．场效应晶体管仿真参数的设置
（1）JFET 场效应晶体管仿真属性如图 9.14 所示。
对 JFET 场效应晶体管的属性对话框设置如下。
Area Factor：可选项，该属性定义了结型场效应晶体管的面积因子。

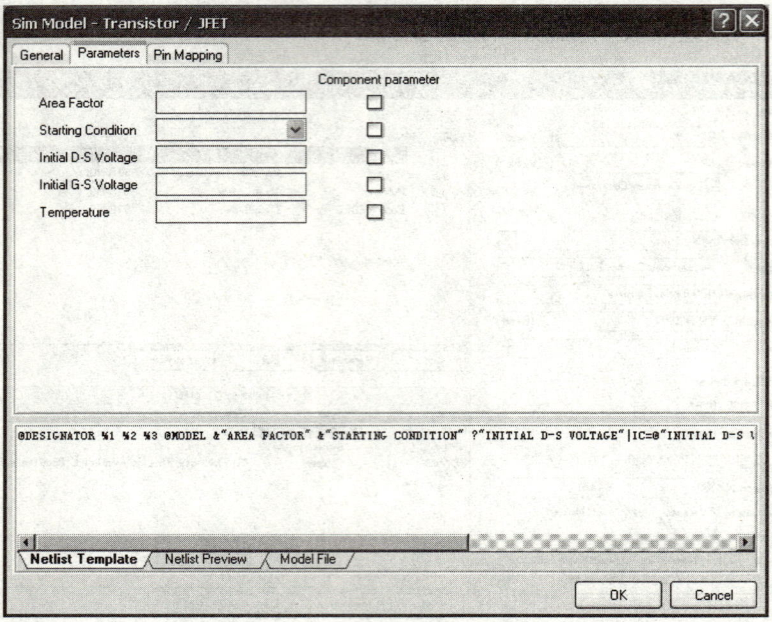

图 9.14 JFET 场效应晶体管仿真属性

Starting Condition：可选项，初始条件，分析静态工作点时，管子的初始状态默认值为关断。
Initial D-S Voltage：可选项，初始时刻漏极和源极两端的电压，单位为 V，其默认值为 0V。
Initial G-S Voltage：可选项，初始时刻栅极和源极两端的电压，单位为 V，其默认值为 0V。
Temperature：可选项，元器件工作温度，以摄氏度为单位，默认值为 27℃。

（2）MOS 场效应晶体管。

MOS 场效应晶体管是现代集成电路中最常用的器件之一。Protel DXP 为读者提供了多种类型的 MOS 场效应晶体管，如 MOSFET-N，MOSFET-P 等。在"Miscellaneous Devices.IntLib"库中选择"MOSFET-P"，并把它放置在电路仿真原理图中，如图 9.15 所示的仿真属性编辑框的"Parameters"选项卡中设置仿真属性参数。

各项仿真属性参数的意义如下。
Length：设置场效应管的沟道长度。
Width：设置场效应管的沟道宽度。
Drain Area：设置场效应管的漏极面积。
Source Area：设置场效应管的源极面积。
Drain Perimeter：设置场效应管的漏极结面积。
Source Perimeter：设置场效应管的源极结面积。
NRD：设置场效应管的漏极扩散长度。
NRS：设置场效应管的源极扩散长度。
Starting Condition：初始条件，分析静态工作点时，管子的初始状态默认值为关断。
Initial D-S Voltage：设置场效应管漏极和源极之间的初始电压。
Initial B-S Voltage：设置场效应管栅极和源极之间的初始的电压。
Temperature：场效应管工作温度。

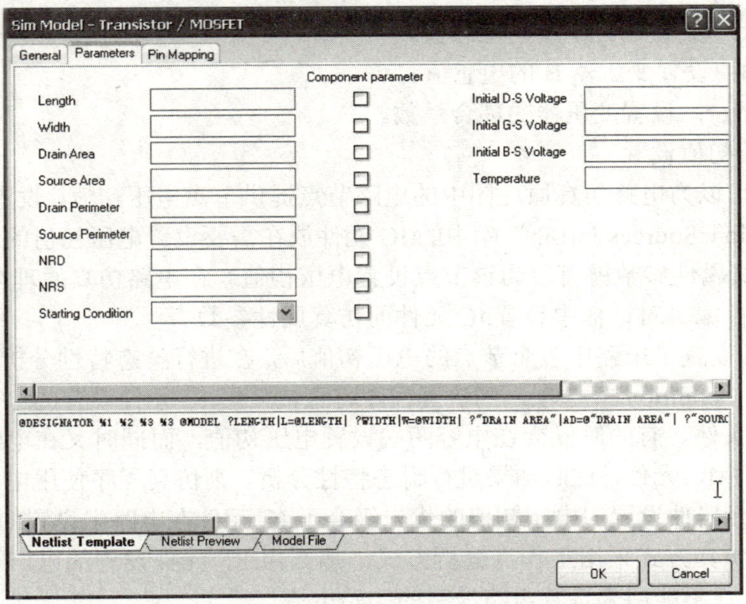

图 9.15　场效应管仿真属性对话框的"Parameters"选项卡

7. 变压器

在 Protel 2004 中有多种类型的变压器 Trans、Trans Ideal、Trans Cupl，在"Miscellaneous Devices.IntLib"库中选择"Trans"，并把它放置在电路仿真原理图中，然后双击该变压器，在如图 9.16 所示的仿真属性编辑对话框的"Parameters"选项卡中设置仿真属性参数。

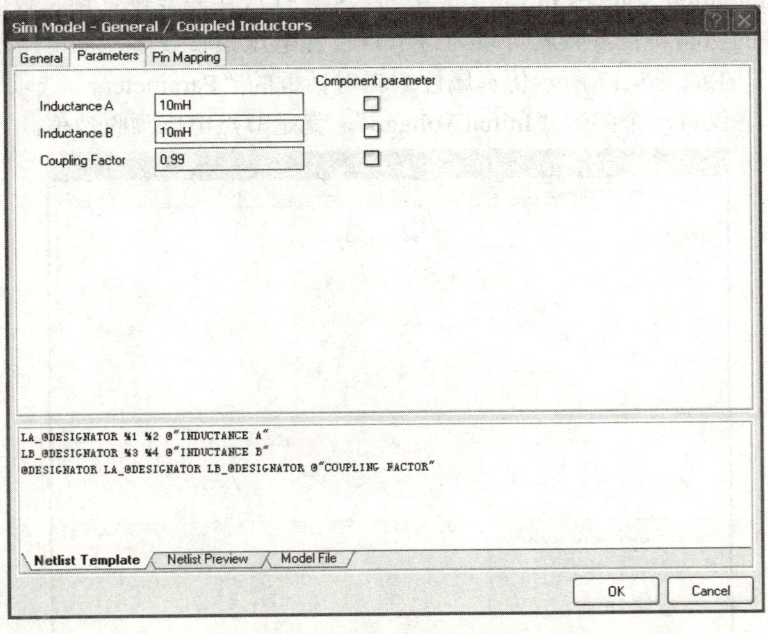

图 9.16　变压器仿真属性对话框的"Parameters"选项卡

各项仿真属性参数的意义如下。

Inductance A：设置变压器 A 的电感值。
Inductance B：设置变压器 B 的电感值。
Coupling Factor：设置变压器的耦合系数。

8．节点电压初值设置

Protel 2004 可以为电路仿真原理图中的电路节点提供节点电压初值，设置的方法很简单，只要把"Simulation Sources.IntLib"库中的.IC 元件放在需要设置电压初值的节点上，通过设置.IC 元件的仿真属性参数就可以为该节点设置电压初值。在电路仿真原理图中，双击该.IC 元件，在仿真属性编辑对话框中设置.IC 元件的仿真属性参数。

使用.IC 元件设置了电路中各个节点的电压初值后，在进行瞬态特性分析仿真时，如果选中了"Use Initial Conditions"选项，则仿真程序将直接采用.IC 元件设置的电压初值作为瞬态特性分析的初始条件。有的时候会在电容两端设置电压初值，而同时又在电路中与该电容连接的线路上设置了.IC 元件，这时如果进行瞬态特性分析，则仿真程序使用电容两端设置的电压初值，也即为元器件设置的电压初值的优先级高于.IC 元件在电路中设置的优先级。

如果电路的仿真方式采用工作点分析方式，那么由.IC 元件设置的电压初值将不参加运算。另外，.IC 元件不能用来设置电路线路的初始电流。

9．节点电压设置

在电路仿真原理图中.NS 元件与.IC 元件一样，也是一种特殊的元件，在双稳态或单稳态电路的瞬态特性分析中，可以用来设置某个电路节点的预收敛值，当仿真程序计算出该节点的电压小于由.NS 元件设置的预收敛值时，则去掉.NS 元件设置的收敛值，而继续计算，直到算出真正的收敛值为止，所以.NS 元件是求电压收敛值的一个辅助手段，它的设置方法很简单，只要把"Simulation Sources.IntLib"库中的.NS 元件放在需要设置预收敛值的节点上，通过设置.NS 元件的仿真属性参数就可以为该节点设置电压预收敛值。在电路仿真原理图中，双击该.NS 元件，在如图 9.17 所示仿真属性编辑对话框的"Parameters"选项卡中设置.NS 的仿真属性参数。它仅有一个参数"Initial Voltage"，就是节点电压预收敛值。

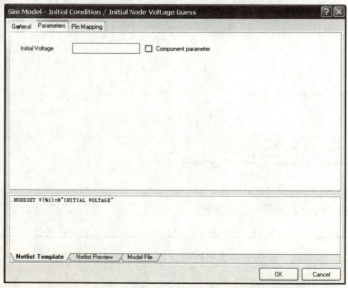

图 9.17　.NS 仿真属性对话框的"Parameters"选项卡

第三步：做一做

1. 对电路中的电阻 R1，R2，R3，R4，R5 进行仿真属性设置

以 R1 为例，双击电阻 R1，按对话框中的内容进行设置，在对话框的 Models 栏中双击 Simulation 属性，选择"Parameters"选项卡，如图 9.18 所示，在"Value"项的文本框中输入 18k，单击"OK"按钮。其余电阻按照此法设置。

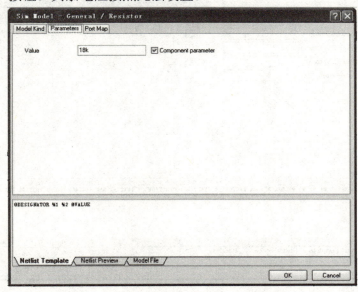

图 9.18 电阻的仿真属性设置

2. 对电路中的电容 C1，C2 进行仿真属性设置

以 C1 为例，双击电容 C1，按对话框中的内容进行设置，在对话框的 Models 栏中双击 Simulation 属性，选择"Parameters"选项卡，如图 9.19 所示，在"Value"项的文本框中输入 0.01μF，"Initial Voltage"项的文本框中输入 0V，单击"OK"按钮。其余电容按照此法设置。

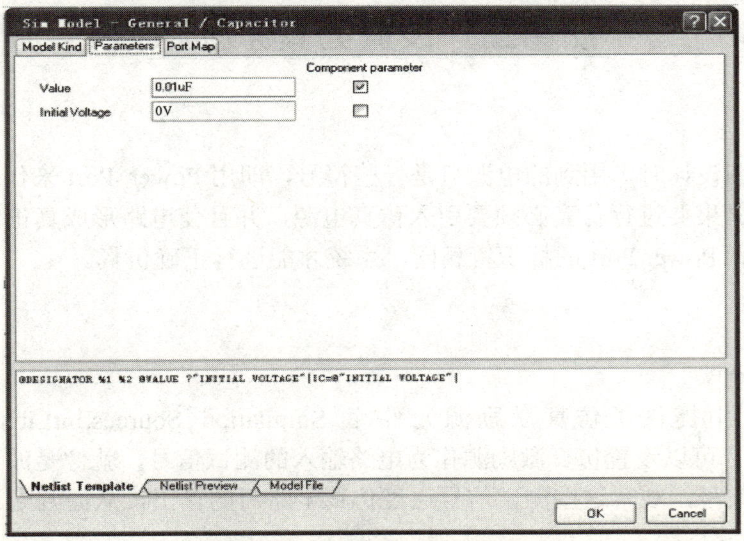

图 9.19 电容的仿真属性设置

3. 对电路中的三极管 VT1 进行仿真属性设置

双击三极管 VT1，按对话框中的内容进行设置，在对话框的 Models 栏中双击 Simulation 属性，选择"Parameters"选项卡，如图 9.20 所示，默认各个选项，单击"OK"按钮。

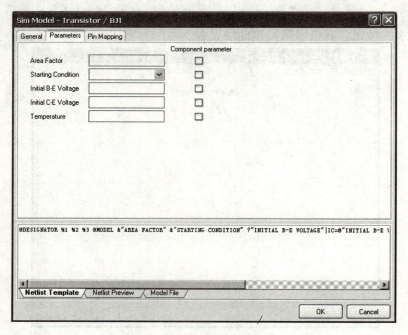

图 9.20 三极管的仿真属性设置

三、任务小结

在仿真电路中，只有采用仿真元件才能实现电路的仿真功能，而我们可以通过元件的"Simulation"（仿真）属性的修改与设置来达到目的。这也是仿真过程关键的一步。

任务二 设置仿真激励源

一、任务描述

在进行原理图设计时，用到的电源只是一些符号，即用 Power Port 来代表电源，而没有真正放置电源。如果要进行仿真必须要引入仿真电源，并且使电路形成真正的回路。仿真电源的标识符必须和 Power Port 的标识符相同，系统才能进行正确仿真。

二、任务实施

第一步：读一读

Protel 2004 中提供了仿真激励源元件库 Simulation Sources.IntLib，在 Simulation Sources.IntLib 中，可以设置仿真激励源作为电路输入的测试信号，就像是波形发生器，一般都是标准的测试信号，观察这些测试信号通过仿真电路后的输出，从而判断该仿真电路参数的合理性。

下面介绍几种常用的仿真激励源。
1. 直流源
直流源用来为仿真电路提供不变的电压或电流激励源。直流源包含了如图 9.21 所示的直流电压源 VSRC 和直流电流源 ISRC 两种直流源元件，其参数设置对话框如右图（双击"Simulation"项可打开该对话框）所示。

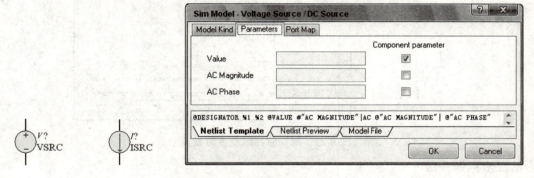

图 9.21　直流源及参数设置

2. 正弦波形源
正弦波形源用来为仿真电路提供正弦电压或电流的激励源。正弦波形源包含了如图 9.22 所示的正弦波形电压源 VSIN 和正弦波形电流源 ISIN 两种正弦波形源元件，其参数设置对话框如右图所示。

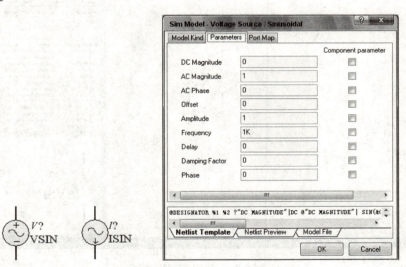

图 9.22　正弦波形源及参数设置

3. 周期脉冲源
周期脉冲源用来为仿真电路提供周期性的连续脉冲电压或电流激励源。周期脉冲源包含了如图 9.23 所示的周期脉冲电压源 VPULSE 和周期脉冲电流源 IPULSE 两种周期脉冲源元件，其参数设置对话框如右图所示。

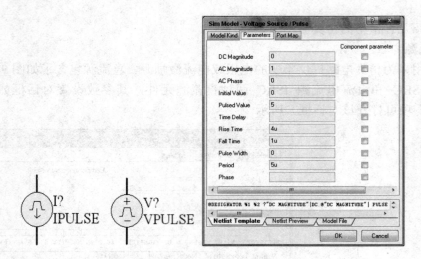

图 9.23　周期脉冲源及参数设置

第二步：做一做

（1）将仿真激励源元件库 Simulation Sources.IntLib 设置为当前元件库，如图 9.24 所示，然后放置仿真激励源。

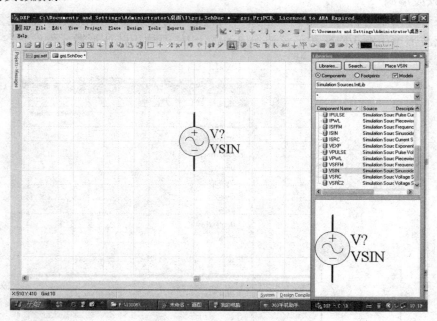

图 9.24　放置仿真激励源

（2）放置直流电压源（VSRC）。

从仿真激励源元件库 Simulation Sources.IntLib 选择直流电压源（VSRC）到原理图中，如图 9.25 所示，双击直流电压源（VSRC）弹出对话框，如图 9.26 所示，按对话框中内容进行设置，在对话框的 Models 栏中双击 Simulation 属性，选择"Parameters"标签，得到如图 9.27 所示对话框，按对话框内容进行设置。

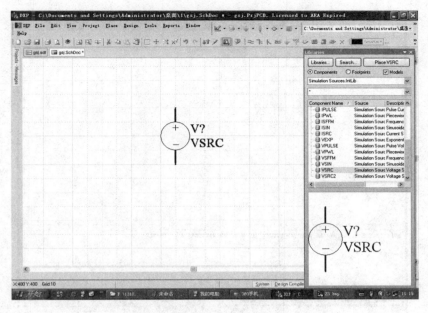

图 9.25 放置直流电压源

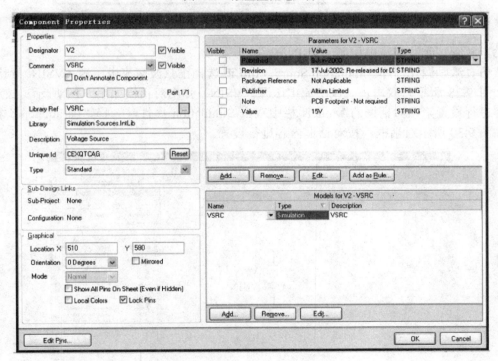

图 9.26 参数选择

图 9.27 所示对话框中各选项功能如下。

Value：直流电压值，在本电路中输入 15V。

AC Magnitude：交流小信号分析电压值，通常为 1V，只用于交流小信号分析。

AC Phase：交流小信号分析相位，通常设为 0，只用于交流小信号分析。

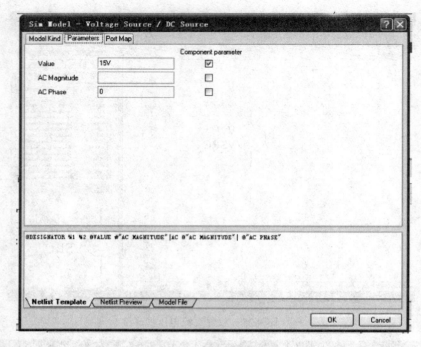

图 9.27 参数设置

(3) 放置正弦波交流电压源(VSIN)。

从仿真激励源元件库 Simulation Sources.IntLib 选择正弦波交流电压源(VSIN)到原理图中,如图 9.28 所示。双击正弦波交流电压源(VSIN)弹出对话框如图 9.29 所示,按对话框中内容进行设置,在对话框的 Models 栏中双击 Simulation 属性,选择"Parameters"标签,得到如图 9.30 所示对话框,按对话框内容进行设置。

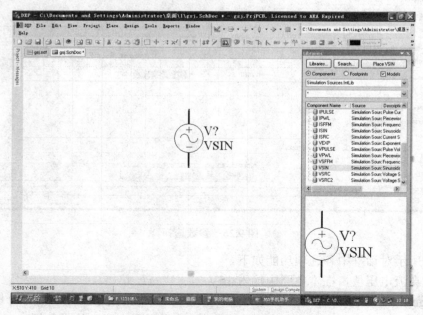

图 9.28 放置正弦波交流电压源

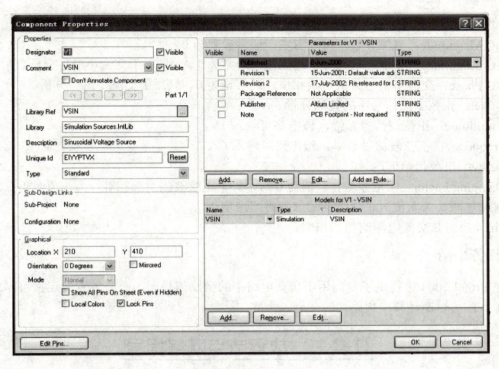

图 9.29　参数选择

图 9.30　参数设置

如图 9.30 所示对话框中各选项功能如下。
DC Magnitude：直流参数，可以忽略，通常设置为 0。
AC Magnitude：交流小信号分析电压值，通常为 1V，只用于交流小信号分析。
AC Phase：交流小信号分析初始相位，通常设为 0，只用于交流小信号分析。
Offset：正弦交流信号中的直流分量。
Amplitude：正弦波信号振幅，该电路可输入 1V。
Frequency：正弦波信号频率，该电路可输入 6k。
Delay：电源起始延迟时间。
Damping Factor：阻尼系数，该值为 0 时，每个正弦波幅值都相等，为正值时正弦波的幅值随时间递减，为负值时正弦波的幅值随时间递增。
Phase：正弦交流电源的初始相位。

三、任务小结

在 Protel 2004 中提供了专门用于仿真电路中的激励信号源，必须放置和连接可靠的激励信号源，才可以驱动整个电路。

任务三　放置节点网络标号

一、任务描述

放置网络节点标号的目的是为了便于观察电路中的节点的电压或者电流波形。有时候设计者需要观察仿真电路中的多个输出点，或者希望观察某个中间节点的波形以便检查错误出现在仿真电路图中的具体范围，就必须放置多个仿真节点网络标号。放置仿真电路节点网络标号与在一般原理图中放置网络标号的方法完全一样。

二、任务实施

做一做

在本电路中，选择的测试点是三极管 VT1 的基极、集电极和发射极，还有信号输入 IN，信号输出 OUT。

以信号输入的网络标号 IN 为例。

（1）从菜单选择"Place"中的"Net Label"（快捷键 P，N）。按 Tab 键编辑网络标签的属性。在图 9.31 所示的"Net Label"对话框中，设置 Net 栏为 IN，然后关闭对话框。

（2）将光标放在与 VT1 基极连接的导线上。参照图的网络标签进行放置。单击或按 Enter 键将网络标签放在导线上。

（3）同样地，将 OUT、B、C、E 等网络标签放在相应的位置上。

（4）完成网络标签的放置后，单击鼠标右键或按 Esc 键退出放置模式，如图 9.32 所示。

项目九 共射极分压式偏置放大电路仿真

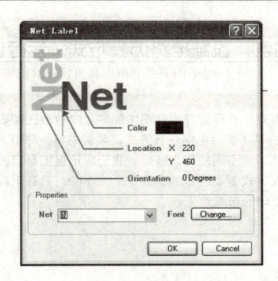

图 9.31 "Net Label"对话框

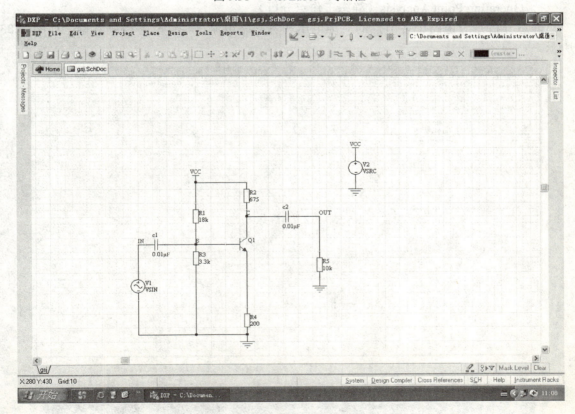

图 9.32 完成网络标签的放置

三、任务小结

我们在运行仿真之前最后的任务是在电路的合适点放置网络标签，这样我们可以很容易地认出我们希望查看的信号。

任务四 设置电路仿真方式、运行仿真

一、任务描述

在绘制好电路仿真原理图并设置好原理图中的各项参数后还需要对电路仿真方式和参数进行设置。Protel 2004 提供了多种电路仿真方式,如瞬态特性分析、交流小信号分析等,不同的电路仿真方式将出现形式不同的仿真结果。我们应该根据自己的需要设置不同的电路仿真方式。不同的电路仿真方式需要设置的参数是不一样的,只有正确设置了电路仿真方式的各个参数后,才能得到正确的仿真结果。

二、任务实施

第一步:读一读

Protel 2004 提供的仿真方式包括以下几类。

1. Operating Point Analysis(静态工作点分析)

静态分析是对电路中各节点的对地电压和各支路电流进行计算并得到数据,如图 9.33 所示。

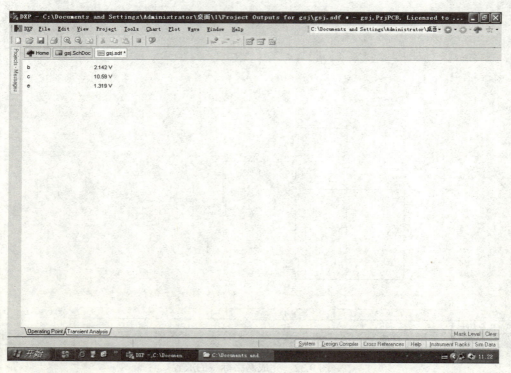

图 9.33 静态工作点分析

2. Transient Analysis(瞬态特性分析)

当电路中输入交流信号时,利用 Transient Analysis 仿真方式可获得各节点、支路电流或元件功率的瞬时值,仿真结果直观易于分析,如图 9.34 所示。

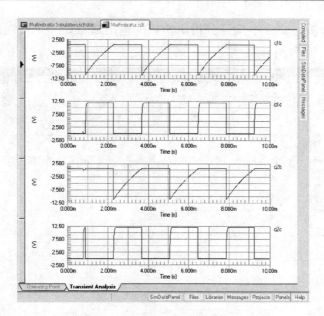

图 9.34 瞬态特性分析

3．DC Sweep Analysis（直流分析）

直流分析将执行一系列的静态工作点的分析，从而改变前述定义的所选源的电压，如图 9.35 所示。

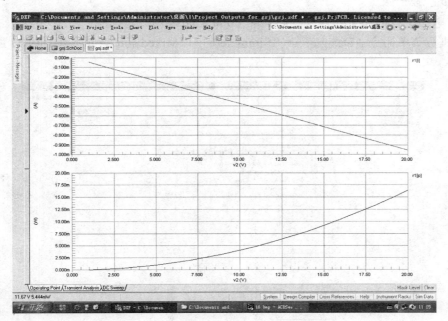

图 9.35 直流分析

4．AC Small Signal Analysis（交流小信号分析）

交流小信号分析将交流输出变量作为频率的函数计算出来。先计算电路的直流工作点，决定电路中所有非线性元件的线性化小信号模型参数，然后在设计者所指定的频率范围内对该线性化电路进行分析。交流小信号分析所希望的输出通常是一个传递函数，如电压增益、传输阻抗等，如图 9.36 所示。

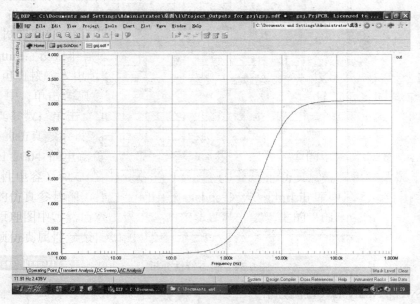

图 9.36 直流小信号分析

第二步：做一做

1. 对电路进行静态工作点（Operating Point Analysis）仿真分析

（1）执行菜单命令"Design"→"Simulate"→"Mixed sim"，进入如图 9.37 所示的仿真方式。

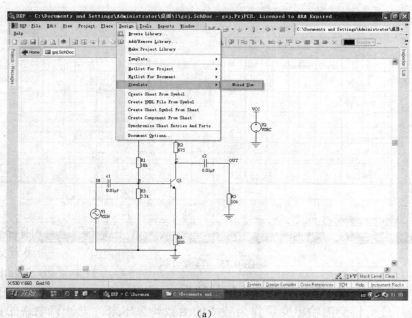

(a)

图 9.37 静态工作点仿真

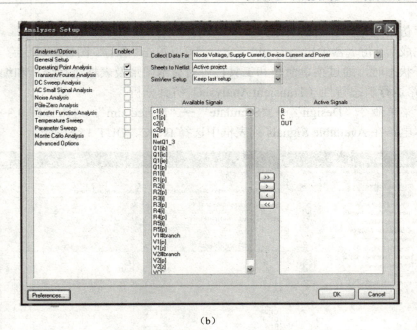

图 9.37 静态工作点仿真(续)

图 9.37 (b) 中对话框左边为 Analyses/Options 分组框,里面显示多种仿真方式,右边是公共参数对话框,在 Available Signals 列表中显示的是可以进行仿真分析的信号;Active Signals 列表框中显示的是激活的信号,即将要进行仿真分析的信号;按 > 和 < 按钮可设置激活的信号。

对于本电路在 Available Signals 列表框中选择 b、c、e 三个信号。

(2) 选择 Operating Point Analysis 仿真方式,设置参数。

在图中 Analyses/Options 分组框中选择 Operating Point Analysis(在后面打"√"),单击"OK"按钮即可得到结果,如图 9.38 所示。

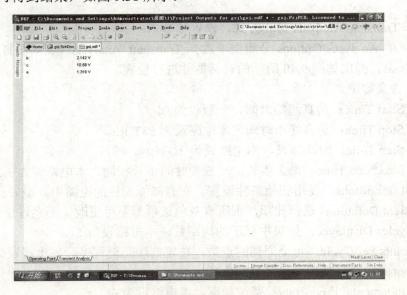

图 9.38 选择仿真方式

(3) 保存仿真数据，分析仿真结果。

当仿真完成后，仿真器输出"gsj.sdf"文件，可以单击"保存"图标进行保存。当"gsj.sdf"文件处于打开状态时，通过菜单命令和工具栏可对显示图形及表格进行分析和编辑。

2. 对电路进行瞬态特性（Transient Analysis）仿真分析

(1) 执行菜单命令"Design"→"Simulate"→"Mixed sim"，进入如图 9.39 所示的仿真方式，对于本电路在 Available Signals 列表框中选择 B、C、OUT 3 个信号。

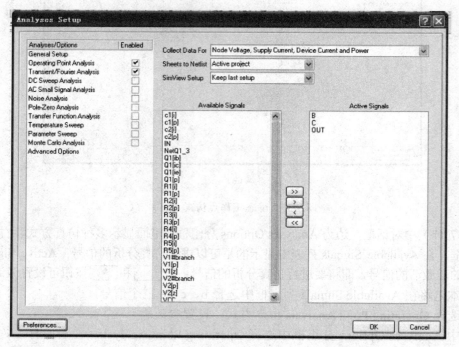

图 9.39 选择信号

(2) 选择 Transient Analysis 仿真方式，设置参数。

在图 9.39 中 Analyses/Options 分组框中选择 Transient Analysis（在后面打"√"），单击 Transient Analysis，弹出如图 9.40 所示的对话框并进行设置。

各种参数含义如下。

Transient Start Time：仿真起始时间，一般设为 0。

Transient Stop Time：仿真终止时间，本电路设为 833.3μs。

Transient Step Time：时间步长，本电路设为 3.333μs。

Transient Max Step Time：最大步长，一般和时间步长相同。本电路设为 3.333μs。

Use Initial Conditions：使用初始条件设置。在有储能元件的电路中，最好选择此项。

Use Transient Defaults：选择此项，则所有灰色选项都不可更改，不允许使用各设定值。

Default Cycles Displayed：结果中显示的周期数，本电路设为 5。

Default Points Per Cycle：每个周期的点数，决定曲线光滑程度。本电路设为 50。

Enable Fourier：选择使用傅里叶分析方式。

Fourier Fundamental Frequency：基波频率，本电路设为 6kHz。

Fourier Number of Harmonics：最大谐波次数，本电路设为 10。

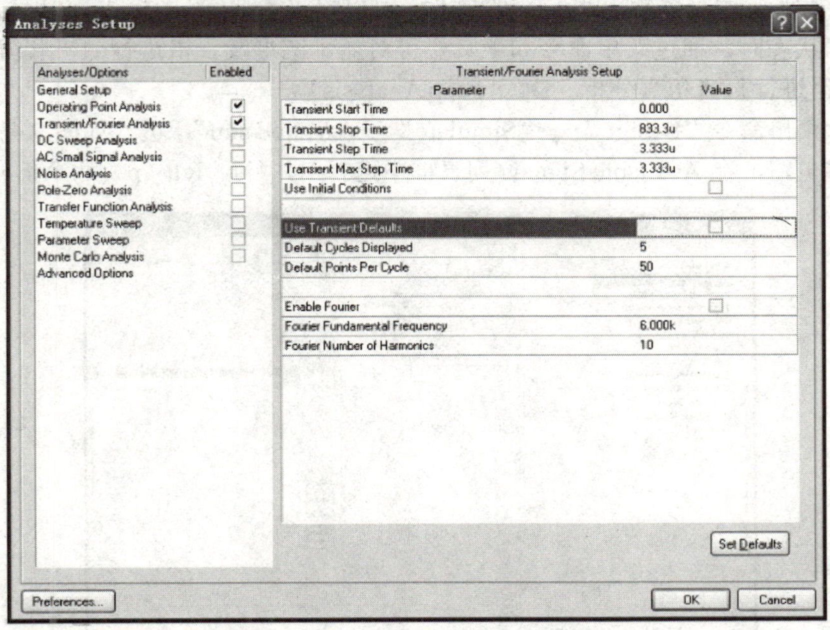

图 9.40　选择仿真方式，设置参数

（3）运行仿真。

设置完成后，单击"OK"按钮即可进行仿真，结果如图 9.41 所示。

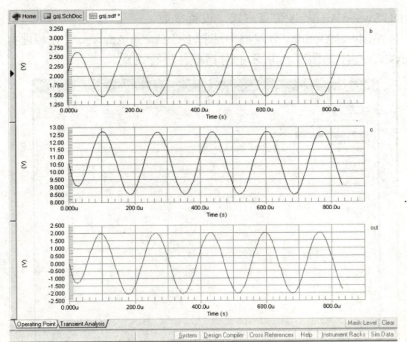

图 9.41　运行仿真

（4）保存仿真数据，分析仿真结果。

当仿真完成后，仿真器输出"gsj.sdf"文件，可以单击"保存"图标进行保存。当"gsj.sdf"文件处于打开状态时，通过菜单命令和工具栏可对显示图形及表格进行分析和编辑。

3．对电路进行直流仿真分析（DC Sweep Analysis）

（1）执行菜单命令"Design"→"Simulate"→"Mixed sim"，进入如图9.42所示的仿真方式，对于本电路，在Available Signals列表框中选择R1（i）、R1（p）两个信号。

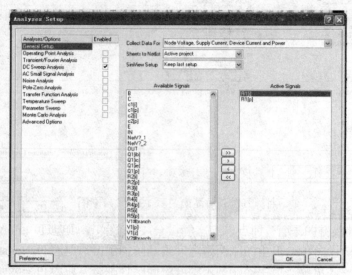

图9.42　进入仿真方式

（2）选择DC Sweep Analysis仿真方式，设置参数。

在图9.42中Analyses/Options分组框中选择DC Sweep Analysis（在后面打"√"），单击DC Sweep Analysis，弹出如图9.43所示的对话框并进行设置。

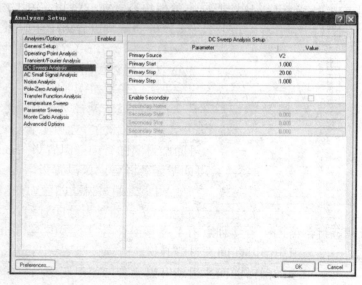

图9.43　选择仿真方式

各种参数含义如下。

Primary Source：选择要仿真的激励源。本电路在 Value 栏中选择 V2。

Primary Start：激励源信号幅值的初始值，本电路设为 1V。

Primary Stop：激励源信号幅值的终止值，本电路设为 20V。

Enable Secondary：是否选择做直流扫描分析的第二个激励源。选中后，就可以设置第二个激励源，方法同上。

（3）运行仿真。

设置完成后，单击"OK"按钮即可进行仿真，结果如图 9.44 所示。

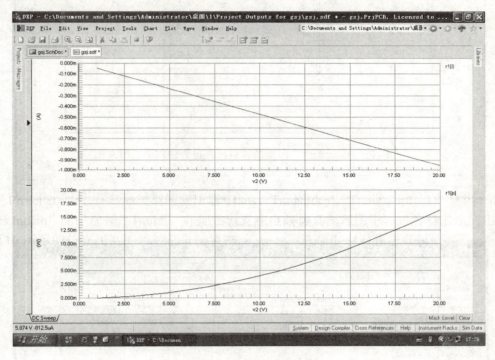

图 9.44　运行仿真

可以看到 R1 随电源 V2 变化时，电流 I 与功率 P 的变化。

（4）保存仿真数据，分析仿真结果。

当仿真完成后，仿真器输出"gsj.sdf"文件，可以单击"保存"图标进行保存。当"gsj.sdf"文件处于打开状态时，通过菜单命令和工具栏可对显示图形及表格进行分析和编辑。

4．对电路进行交流小信号仿真分析（AC Small Signal Analysis）

（1）执行菜单命令"Design"→"Simulate"→"Mixed sim"，进入如图 9.45 所示的仿真方式，对于本电路，在 Available Signals 列表框中选择 OUT 信号。

（2）选择 AC Small Signal Analysis 仿真方式，设置参数。

在图 9.45 中 Analyses/Options 分组框中选择 AC Small Signal Analysis（在后面打"√"），单击 AC Small Signal Analysis，弹出如图 9.46 所示的对话框并进行设置。

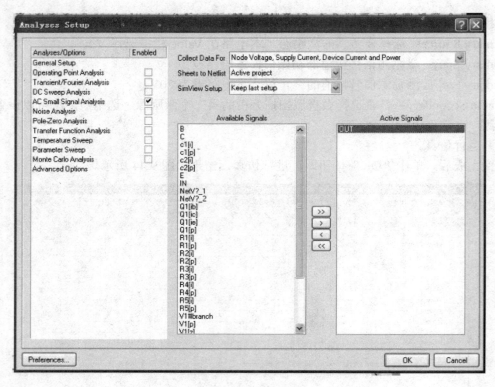

图 9.45　进入仿真方式

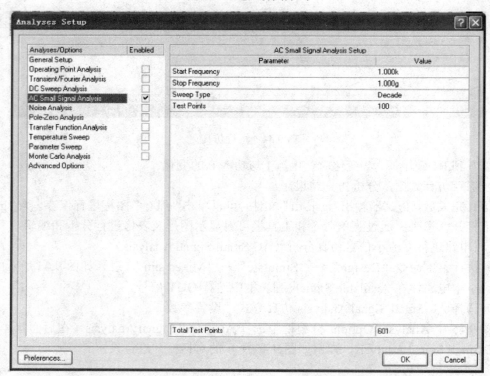

图 9.46　选择仿真方式

各种参数含义如下。
Start Frequency：交流小信号分析起始频率，本电路设为 1kHz。
Stop Frequency：交流小信号分析终止频率，本电路设为 1GHz。
Sweep Type：扫描方式，在下拉列表框中选择 Decade。
Test Points：测试点个数，本电路选择 100。
（3）运行仿真。
设置完成后，单击"OK"按钮即可进行仿真，结果如图 9.47 所示。

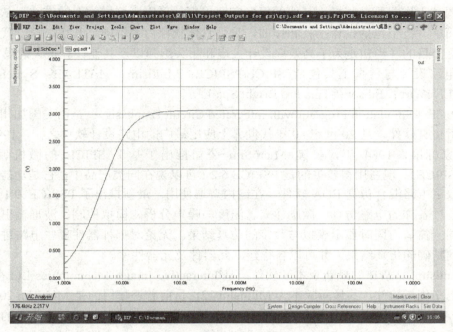

图 9.47　运行仿真

可以看到输出信号电压随输入信号频率变化时的情况。
（4）保存仿真数据，分析仿真结果。
当仿真完成后，仿真器输出"gsj.sdf"文件，可以单击"保存"图标进行保存。当"gsj.sdf"文件处于打开时，通过菜单命令和工具栏可对显示图形及表格进行分析和编辑。

三、任务小结

Protel 2004 具有强大的电路仿真功能，支持工作点分析、瞬态分析、直流扫描分析、交流小信号分析等多种方式。分析时按照先选择要分析的信号，再选择分析方式，设置好分析的参数，运行分析程序，最后分析仿真结果的流程来进行。

拓展与提高

电子电路设计与仿真工具

我们大家可能都用过试验板或者其他的东西制作过一些电子产品来进行实践。但是有的时候，我们会发现做出来的东西有很多的问题，事先并没有想到，这样一来就浪费了我们的很多时间和物资，而且增加了产品的开发周期和延续了产品的上市时间，从而使产品失去市场竞争优势。有没有能够不动用电烙铁试验板就能知道结果的方法呢？结论是有的，这就是将电路设计与仿真技术的各项风洞实验参数都输入计算机，然后通过计算机编程编写出一个虚拟环境的软件，并且使它能够自动套用相关公式和调用长期积累后输入计算机的相关经验参数。这样一来，只要把飞机的外形计数据放入这个虚拟的风洞软件中进行试验，哪里不合理有问题就改动哪里，直至最佳效果，效率自然高了，最后只要再在实际环境中测试几次找找不足就可以定型了，从波音747到F16都是采用的这种方法。空气动力学方面的数据由资深专家提供，软件开发商是IBM，飞行器设计工程师只需利用仿真软件在计算机平台上进行各种仿真调试工作即可。同样，其他的很多东西也都是采用了这样类似的方法，从大到小，从复杂到简单，甚至包括设计家具和作曲，只是具体软件内容不同。其实，第一代计算机发明时就是这个目的（当初是为了高效率设计大炮和相关炮弹以及其他计算量大的设计）。

电子电路设计与仿真工具包括 SPICE/PSPICE；Multisim；MATLAB；System View；MMICAD LiveWire；Edison；Tina Pro Bright Spark 等。

① SPICE（Simulation Program with Integrated Circuit Emphasis）：是由美国加州大学推出的电路分析仿真软件，是20世纪80年代世界上应用最广的电路设计软件之一，1998年被定为美国国家标准。1984年，美国 MicroSim 公司推出了基于 SPICE 的微机版 PSPICE（Personal-SPICE）。现在用得较多的是 PSPICE 6.2，可以说在同类产品中，它是功能最为强大的模拟和数字电路混合仿真 EDA 软件，在国内普遍使用。最新推出了 PSPICE 9.1 版本。它可以进行各种各样的电路仿真、激励建立、温度与噪声分析、模拟控制、波形输出、数据输出，并在同一窗口内同时显示模拟与数字的仿真结果。无论对哪种器件哪些电路进行仿真，都可以得到精确的仿真结果，并可以自行建立元器件及元器件库。

② Multisim（EWB 的最新版本）软件：是 Interactive Image Technologies Ltd 在20世纪末推出的电路仿真软件。其最新版本为 Multisim 12，目前普遍使用的是 Multisim 2001，相对于其他 EDA 软件，它具有更加形象直观的人机交互界面，特别是其仪器仪表库中的各仪器仪表与操作真实实验中的实际仪器仪表完全没有两样，但它对模数电路的混合仿真功能却毫不逊色，几乎能够100%地仿真出真实电路的结果，并且它在仪器仪表库中还提供了万用表、信号发生器、瓦特表、双踪示波器（对于 Multisim 7 还具有四踪示波器）、波特仪（相当于实际中的扫频仪）、字信号发生器、逻辑分析仪、逻辑转换仪、失真度分析仪、频谱分析仪、网络分析仪和电压表及电流表等仪器仪表。还提供了我们日常常见的各种建模精确的元器件，如电阻、电容、电感、三极管、二极管、继电器、可控硅、数码管，等等。模拟集成电路方面有各种运算放大器、其他常用集成电路。数字电路方面有74系列集成电路、4000系列集成电路，等等。还支持自制元器件。Multisim 7 还具有 I-V 分析仪（相当于真实环境中的晶体管特性图示仪）和 Agilent 信号发生器、Agilent 万用表、Agilent 示波器和动态逻辑平笔等。同时它还能进行 VHDL 仿真和 Verilog HDL 仿真。

③ MATLAB 产品族：它们的一大特性是有众多的面向具体应用的工具箱和仿真块，包含了完整的函数集，用来对图像信号处理、控制系统设计、神经网络等特殊应用进行分析和设计。它具有数据采集、报告生成和 MATLAB 语言编程产生独立 C/C++代码等功能。MATLAB 产品族具有下列功能：数据分析；数值和符号计算、工程与科学绘图；控制系统设计；数字图像信号处理；财务工程；建模、仿真、原型开发；应用开发；图形用户界面设计等。MATLAB 产品族被广泛应用于信号与图像处理、控制系统设计、通信系统仿真等诸多领域。开放式的

结构使 MATLAB 产品族很容易针对特定的需求进行扩充，从而在不断深化对问题认识的同时，提高自身的竞争力。

四、训练与巩固

1．Protel 2004 有哪些仿真方式？
2．Protel 2004 仿真的基本方法与步骤？
3．使用 Protel 2004 进行电路仿真时，电路中要观察波形处放置什么？
4．利用 Protel 2004 对如图 4.48 所示电路进行交流小信号分析。

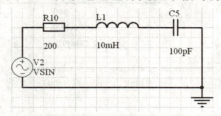

图 9.48　题 4 图

5．利用 Protel 2004 对如图 9.49 所示电路进行直流扫描分析。

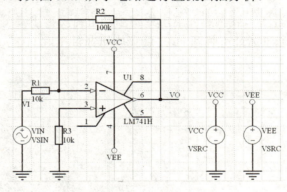

图 9.49　题 5 图

6．对如图 9.50 所示电路进行静态工作点分析，得出 VB，VC，VE，VI，VO 的大小；进行瞬态分析，得出 VI，VO 的波形图。

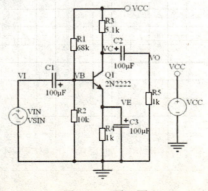

图 9.50　题 6 图

7. 对如图 9.51 所示电路进行瞬态分析和交流分析。

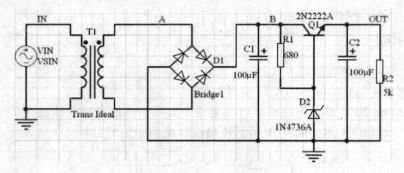

图 9.51　题 7 图

附录 A

Protel DXP 2004 快捷键一

1. 设计浏览器快捷键

快 捷 键	功 能
鼠标左击	选择鼠标位置的文档
鼠标双击	编辑鼠标位置的文档
鼠标右击	显示相关的弹出菜单
Ctrl+F4	关闭当前文档
Ctrl+Tab	循环切换所打开的文档
Alt+F4	关闭设计浏览器 DXP

2. 原理图和 PCB 通用快捷键

快 捷 键	功 能
Shift	当自动平移时，快速平移
Y	放置元件时，上下翻转
X	放置元件时，左右翻转
Shift+↑↓←→	箭头方向以 10 个网格为增量，移动光标
↑↓←→	箭头方向以 1 个网格为增量，移动光标
SpaceBar	放弃屏幕刷新
Esc	退出当前命令
End	屏幕刷新
Home	以光标为中心刷新屏幕
PageDown,Ctrl+鼠标滚轮	以光标为中心缩小画面
PageUp, Ctrl+鼠标滚轮	以光标为中心放大画面
鼠标滚轮	上下移动画面
Shift+鼠标滚轮	左右移动画面
Ctrl+Z	撤销上一次操作
Ctrl+Y	重复上一次操作
Ctrl+A	选择全部
Ctrl+S	保存当前文档
Ctrl+C	复制
Ctrl+X	剪切

续表

快　捷　键	功　　能
Ctrl+V	粘贴
Ctrl+R	复制并重复粘贴选中的对象
Delete	删除
V+D	显示整个文档
V+F	显示所有对象
X+A	取消所有选中的对象
单击并按住鼠标右键	显示滑动小手并移动画面
单击鼠标左键	选择对象
单击鼠标右键	显示弹出菜单，或取消当前命令
右击鼠标并选择 Find Similar	选择相同对象
单击鼠标左键并按住拖动	选择区域内部对象
单击并按住鼠标左键	选择光标所在的对象并移动
双击鼠标左键	编辑对象
Shift+单击鼠标左键	选择或取消选择
Tab	编辑正在放置对象的属性
Shift+C	清除当前过滤的对象
Shift+F	可选择与之相同的对象
Y	弹出快速查询菜单
F11	打开或关闭 Inspector 面板
F12	打开或关闭 List 面板

3. 原理图快捷键

快　捷　键	功　　能
Alt	在水平和垂直线上限制对象移动
G	循环切换捕捉网格设置
空格键(Spacebar)	放置对象时旋转 90°
空格键(Spacebar)	放置电线、总线、多边形线时激活开始/结束模式
Shift+空格键(Spacebar)	放置电线、总线、多边形线时切换放置模式
退格键(Backspace)	放置电线、总线、多边形线时删除最后一个拐角
单击并按住鼠标左键+Delete	删除所选中线的拐角
单击并按住鼠标左键+Insert	在选中的线处增加拐角
Ctrl+单击并拖动鼠标左键	拖动选中的对象

4. PCB 快捷键

快 捷 键	功 能
Shift+R	切换三种布线模式
Shift+E	打开或关闭电气网格
Ctrl+G	弹出捕获网格对话框
G	弹出捕获网格菜单
N	移动元件时隐藏网状线
L	镜像元件到另一布局层
退格键	在布铜线时删除最后一个拐角
Shift+空格键	在布铜线时切换拐角模式
空格键	布铜线时改变开始/结束模式
Shift+S	切换打开/关闭单层显示模式
O+D+D+Enter	选择草图显示模式
O+D+F+Enter	选择正常显示模式
O+D	显示/隐藏 Prefences 对话框
L	显示 Board Layers 对话框
Ctrl+H	选择连接铜线
Ctrl+Shift+Left-Click	打断线
+	切换到下一层（数字键盘）
-	切换到上一层（数字键盘）
*	下一布线层（数字键盘）
M+V	移动分割平面层顶点
Alt	避开障碍物和忽略障碍物之间的切换
Ctrl	布线时临时不显示电气网格
Ctrl+M 或 R-M	测量距离
Shift+空格键	顺时针旋转移动的对象
空格键	逆时针旋转移动的对象
Q	米制和英制之间的单位切换
E-J-O	跳转到当前原点
E-J-A	跳转到绝对原点

附录 B

Protel DXP 2004 快捷键二

快 捷 键	功 能
F1	说明
PageUp	窗口放大
PageDown	窗口缩小
Ctrl+C	复制所选取图件
Ctrl+V	粘贴所选取图件
Ctrl+X	剪切所选取图件
Del	删除所选取图件
Tab	移动元器件时,进入元件编辑
End	刷新
Space	逆时针旋转
Shift+Space	顺时针旋转
C	移动窗口以游标为中心
Shift+R	切换三种特殊走线方式
Shift+E	取消格点吸附功能
Ctrl+G	指定移动格点大小
G	指定移动格点大小（选择单模式）
N	移动零件时及时隐藏鼠标
L	移动零件时及时切换到下层
Ctrl+H	选取两连接的走线
L	层别显示与颜色设定
Ctrl	暂时取消格点吸附功能
+	切换到下一层
-	切换到上一层
*	走到下一层走线
Q	公英制切换
Shift+S	单层显示开关

附录 C

原理图设计快捷键

1. 常用快捷键

快 捷 键	功　能
X+A	撤销对所有处于选中状态图件的选择
V+D	将视图进行缩放以显示整个电路图文档
V+F	将视图进行缩放以刚好显示所有放置的对象
Page Up	放大视图
Page Down	缩小视图
Home	以光标为中心重画画面
End	刷新画面
Tab	用于图件呈悬浮状态时调出图件属性设置对话框
Space	放置图件时将待放置的图件旋转 90°
X	用于图件呈悬浮状态时将图件在水平方向上折叠
Y	用于图件呈悬浮状态时将图件在垂直方向上折叠
Delete	放置导线、多边形时删除最后一个顶点
Space	绘制导线时切换导线的走线模式
Esc	退出正在执行的操作，返回空闲状态
Ctrl+Tab	在多个打开的文档间来回切换
Alt+Tab	在窗口中多个应用程序间来回切换
F1	获得帮助信息

2. 菜单快捷键

快 捷 键	功　能
A	弹出 Edit/Align 子菜单
E	弹出 Edit 菜单
H	弹出 Help 菜单
L	弹出 Edit/set Location Marks 子菜单
O	弹出 Options 菜单
R	弹出 Reports 菜单

续表

快 捷 键	功 能
T	弹出 Tools 菜单
W	弹出 Windows 菜单
Z	弹出 View/Zoom 子菜单
B	弹出 View/Toolbars 子菜单
F	弹出 File 菜单
J	弹出 Edit/Jump 子菜单
M	弹出 Edit/Move 子菜单
P	弹出 Place 菜单
S	弹出 Edit/Select 子菜单
V	弹出 View 菜单
X	弹出 Edit/DeSelect 子菜单

3. 命令快捷键

快 捷 键	功 能
Ctrl+Y	恢复上一次撤销的操作
Ctrl+Z	撤销上一次的操作
Ctrl+Page Down	尽可能地放大显示所有的图件
Ctrl+Home	将光标跳到坐标原点
Shift+Insert	将剪贴板中的图件复制到电路图上
Ctrl+Insert	将选取的图件复制到剪贴板中
Shift+Delete	将选取的图件剪贴到剪贴板中
Ctrl+Delete	删除选取的图件
键盘左箭头	光标左移一个电气栅格
Shift+键盘左箭头	光标左移 10 个电气栅格
Shift+键盘上箭头	光标上移 10 个电气栅格
键盘上箭头	光标上移 1 个电气栅格
键盘右箭头	光标右移 1 个电气栅格
Shift+键盘右箭头	光标右移 10 个电气栅格
键盘下箭头	光标下移下一个电气栅格
Shift+键盘下箭头	光标下移 10 个电气栅格
按住鼠标左键拖动	移动图件
Ctrl+按住鼠标左键拖动	拖动图件
鼠标左键双击	对所选图件的属性进行编辑
鼠标左键	选中单个图件
Ctrl+鼠标左键	拖动单个图件
Shift+鼠标左键	选取单个图件

续表

快 捷 键	功 能
Shift+Ctrl+鼠标左键	移动单个图件
Shift+F5	将打开的文件层叠显示
Shift+F4	将打开的文件平铺显示
F3	查找下一个匹配的文本
F1	启动联机帮助画面
Ctrl+Shift+V	将选取的图件在上下边缘之间、垂直方向上均匀排列
Ctrl+R	将选取的图件以橡皮图章的方式进行复制、粘贴
Ctrl+L	将选取的图件以左边缘为基准，靠左对齐
Ctrl+H	将选取的图件以左右边缘之间的中线为基准，水平方向上居中对齐
Ctrl+Shift+H	将选取的图件在左右边缘之间，水平方向上均匀排列
Ctrl+T	将选取的图件以上边缘为基准顶部对齐
Ctrl+B	将选取的图件以下边缘为基准底部对齐
Ctrl+V	将选取的图件以上下边缘间的中线为基准，沿垂直方向居中对齐
Ctrl+G	查找并替换文本
Ctrl+1	以元件原尺寸的大小显示图纸
Ctrl+2	以元件原尺寸200%的大小显示图纸
Ctrl+4	以元件原尺寸400%的大小显示图纸
Ctrl+5	以元件原尺寸50%的大小显示图纸
Ctrl+F	查找文本
Delete	删除选中的图件

附录 D

PCB 快捷键

1. 菜单快捷键

快 捷 键	功 能
A	弹出 Auto Route 菜单
D	弹出 Design 菜单
F	弹出 File 菜单
H	弹出 Help 菜单
M	弹出 Edit/Move 菜单
P	弹出 Place 菜单
S	弹出 Edit/Select 菜单
U	弹出 Tools/Un-route 菜单
W	弹出 Windows 菜单
Z	弹出窗口缩放菜单
B	弹出 View/Toolbars 菜单
E	弹出 Edit 菜单
G	弹出电气栅格点间距设置菜单
J	弹出 Edit/Jump 菜单
O	弹出环境设置菜单
R	弹出 Reports 菜单
T	弹出 Tools 菜单
V	弹出 View 菜单
X	弹出 Edit/DeSelect 菜单

2. 命令快捷键

快 捷 键	功 能
L	弹出文档参数设置 Board Layers 对话框
Ctrl+G	弹出电气栅格点间距设置对话框
Q	切换单位制
Ctrl+H	执行 Edit/Select/Physical Net 命令

续表

快 捷 键	功　　能
Ctrl+P	运行处理程序
Ctrl+Z	进行交叉互探
PageUp	放大画面
PageDown	缩小画面
Ctrl+PageUp	将画面放大到最大
Ctrl+PageDown	将画面缩小到最小
Shift+PageUp	以设定步长的 0.1 放大画面
Shift+PageDown	以设定步长的 0.1 缩小画面
Home	以光标所在位置为中心放大画面
End	刷新视图
Ctrl+Home	将光标快速跳到绝对原点
Ctrl+End	将光标快速跳到当前原点
Ctrl+Ins	将选取的内容复制到剪贴板中
Ctrl+Del	删除处于选中状态的图件
Shift+Ins	将剪贴板中的内容粘贴到电路板图中
Shift+Del	将选取的图件搬移到剪贴板中
Ctrl+Z	撤销上一次操作
Ctrl+Y	恢复刚撤销的操作
Shift+F4	窗口级联放置
Shift+F5	窗口平铺放置
*	切换打开的信号板层
+和-	在所有打开的板层间切换
F1	打开帮助系统
Shift+左箭头	光标左移 10 个电气栅格
Shift+上箭头	光标上移 10 个电气栅格
Shift+下箭头	光标下移 10 个电气栅格
Shift+右箭头	光标右移 10 个电气栅格
左箭头	光标左移 1 个电气栅格
上箭头	光标上移 1 个电气栅格
下箭头	光标下移电气栅格
右箭头	光标右移电气栅格

3. 特殊模式快捷键

快 捷 键	功 能
Tab	放置图件时弹出图件属性设置对话框
Space	在"开始"和"结束"跟踪放置模式之间切换；放置图件时按照逆时针方向旋转图件，放弃重画画面操作
Shift+Space	切换跟踪模式；放置图件时按照顺时针方向旋转图件
Shift	控制自动摇镜头中画面变化的速度，通过"Preferences"对话框进行设置

附录 E

手工布线常用快捷键

快捷键	功能
Backspace	删除上一次布下的铜膜线
*	在打开的信号板层间切换
Tab	放置图件时弹出图件的属性对话框
Space	在起始角和终止角跟踪模式间切换
Shift+Space	切换跟踪模式；放置图件时按照顺时针方向旋转图件
Shift+R	在布线模之间进行切换
End	刷新视图

附录 F

Protel 2004 常用元器件图形符号

为方便读者选用元器件，将常用元器件的中文名称、元器件库中的名称、原理图符号、PCB 封装名称和封装符号在附录表列出。鉴于全球各公司生产的元器件种类繁多，这里不便一一列举，请读者查看 Protel 2004 提供的元器件库。需要注意的是，元器件的原理图符号不表示元器件的实际形状和尺寸大小。而元器件的封装图形符号是在 PCB 设计时用的，它实际上反映了元器件的形状和尺寸大小。一个原理图元器件符号可以对应着多个封装图形符号。例如，一个 NPN 晶体管原理图符号可以有 BCY-W3、SO-G3 等多种 PCB 封装符号。同样，一个元器件封装符号也可以对应多个原理图符号，例如 AXIAL-0.4 可以作为电阻元件的封装，也可以作为电感元件的封装。

附录 G

常用元器件图形符号

序号	中文名称	元件库中的名称	原理图符号	PCB 封装名称	PCB 封装符号
1	二极管	Diode		DSO-C2/X3.3	
2	齐纳二级管	D Zener		DIODE-0.7	
3	发光二极管	LED2		DSO-F2/D6.1	
4	光电二极管	Photo Sen		PIN2	
5	光耦合器	Optoisolator2		SO-G5/P.95	
6	光耦合器	Optoisolator1		DIP-4	
7	氖泡	Neon		PIN2	
8	三端稳压器	Volt Rep		SIP-G3/Y2	
9	可调电阻	Res Varistor		R2012-0805	

续表

序号	中文名称	元件库中的名称	原理图符号	PCB 封装名称	PCB 封装符号
10	电阻	RES2		AX1AL-0.4	
11	电阻	RES1		AX1AL-0.3	
12	电位器	Rpot2		VR2	
13	调压器	Trans Adj		TRF_4	
14	理想变压器	Trans Ideal		TRF_4	
15	PNP 晶体管	PNP		SO-G3/C2.5	
16	NPN 晶体管	NPN		BCY-W3/E4	
17	单结晶体管	UJT-N		CAN-3/Y1.4	
18	N 型绝缘栅双极晶体管	IGBT-N		SFM-F3/Y2.3	
19	P 型绝缘栅双极晶体管	IGBT-P		SFM-F3/B1.5	

续表

序 号	中文名称	元件库中的名称	原理图符号	PCB 封装名称	PCB 封装符号
20	N沟道绝缘栅场效晶体管	MOSFET-N		BCY-W3/H.8	
21	P沟道绝缘栅场效晶体管	MOSFET-P		BCY-W3/H.8	
22	按钮	SW-PB		SPST-2	
23	继电器	Relay		DIP-P5/X1.65	
24	单刀开关	SW-SPST		SPST-2	
25	双刀双掷开关	SW-DPDT		DPDT-6	
26	晶闸管	SCR		SFM-T3/E10.7V	
27	双向晶闸管	Triac		SFM-T3/A2.4V	
28	伺服电机	Motor Servo		RAD-0.4	
29	电容	Cap		RAD-0.3	
30	极性电容	Cap Pol3		CC2012-0805	
31	极性电容	Cap Pol1		RB7.6-15	

续表

序号	中文名称	元件库中的名称	原理图符号	PCB 封装名称	PCB 封装符号
32	极性电容	Cap Pol2		POLAR0.8	
33	可调电容	Cap Var		C3225-1210	
34	AC 插座	Plug AC Female		PIN3	
35	话筒	Mic1		PIN2	
36	直流电源	Battery		BAT-2	
37	电动机	Motor		RB5-10.5	
38	铁芯电感	Inductor Iron		AXIAL0.9	
39	扬声器	Speaker		PIN2	
40	电感	Inductor		C1005-0402	
41	电灯	Lamp		PIN2	
42	熔断器	Fuse1		PIN-W2/E2.8	
43	整流桥	Brighe1		E-BIP-P4/D10	
44	石英晶体	XTAL		BCY-W2/D3.1	

续表

序 号	中文名称	元件库中的名称	原理图符号	PCB 封装名称	PCB 封装符号
45	555 定时器	MC1455P1		DIP-8	
46	运算放大器	Op Amp		CAN-8/D9.4	
47	14 头连接件	Connector 14		CHAMP1.27-2H14A	
48	D 形连接件	D Connector 9		DSUB1.385-2H9	
49	8 端插头	Header 8		HDR1×18	
50	单芯插座	Socker		PIN1	
51	双列插头	Header 8×2H		HDR2×8H	

参考文献

[1] 马安良. 计算机辅助电路设计 Protel 2004（高职）[M]. 西安：西安电子科技大学出版社，2008.

[2] 阮艳. 电子 CAD[M]. 北京：中国劳动社会保障出版社.

[3] 朱远航. 电子 CAD[M]. 北京：中国劳动社会保障出版社.

[4] 米昶. 高等学校计算机辅助设计规划教材：Protel 2004 电路设计与仿真[M]. 北京：机械工业出版社.

[5] 王廷才，王崇文. 电子线路辅助设计（Protel 2004）[M]. 北京：高等教育出版社.

[6] 彭贞蓉，李宏伟. 电子 CAD: Protel DXP 2004 中等职业教育电类专业系列教材[M]. 重庆：重庆大学出版社.

[7] 刘益标. Protel DXP 2004 SP2 实用教程[M]. 北京：清华大学出版社，2012.

[8] 李小琼，周彬. PROTEL DXP 2004 电路板设计与制作[M]. 重庆：西南师范大学出版社，2010.

[9] 刘南平. 电子 CAD 高级试题汇编[M]. 北京：北京师范大学出版集团，北京师范大学出版社，2011.

反侵权盗版声明

电子工业出版社依法对本作品享有专有出版权。任何未经权利人书面许可，复制、销售或通过信息网络传播本作品的行为；歪曲、篡改、剽窃本作品的行为，均违反《中华人民共和国著作权法》，其行为人应承担相应的民事责任和行政责任，构成犯罪的，将被依法追究刑事责任。

为了维护市场秩序，保护权利人的合法权益，我社将依法查处和打击侵权盗版的单位和个人。欢迎社会各界人士积极举报侵权盗版行为，本社将奖励举报有功人员，并保证举报人的信息不被泄露。

举报电话：（010）88254396；（010）88258888
传　　真：（010）88254397
E-mail：　dbqq@phei.com.cn
通信地址：北京市万寿路 173 信箱
　　　　　电子工业出版社总编办公室
邮　　编：100036